공조냉동기계 실기 산업기사

 일진사

공조냉동기술은 주로 제빙, 식품 저장 및 가공 분야 외에 경공업, 중화학공업, 의학, 축산업, 원자력공업 및 대형 건물의 냉난방 시설에 이르기까지 광범위하게 응용되고 있다. 또한 경제 성장과 더불어 산업체에서부터 가정에 이르기까지 냉동기 및 공기조화 설비 수요가 큰 폭으로 증가함에 따라 공조냉동기계와 관련된 생산, 공정, 시설, 기구의 안전관리 등을 담당할 기능 인력이 필요하게 되었다.

이러한 추세에 부응하여 필자는 수십 년간의 현장과 강단에서의 경험을 바탕으로, 공조냉동기계산업기사 실기시험을 준비하는 수험생들의 실력 배양 및 합격에 도움이 되고자 다음과 같은 부분에 중점을 두고 집필하였다.

첫째, 한국산업인력공단의 출제기준에 맞추어 핵심내용을 체계적으로 정리하였다.

둘째, 필답형 예상문제는 분야별로 구분하여 문제와 사진, 해답 그리고 해설을 실어 시험에 완벽을 기할 수 있도록 하였다.

셋째, 작업형에서는 도면과 실제 제품 사진, 그리고 동관작업에 필요한 사항을 실어 작업형 시험에 도움이 되도록 하였다.

넷째, 실전 모의고사를 수록하여 최근 출제 경향을 파악하는 데 도움이 되도록 하였다.

미흡한 부분은 앞으로 계속해서 수정·보완할 것이며, 수험생 여러분이 이 책을 통해 최소의 시간으로 최대의 효과를 거둘 수 있도록 노력할 것이다.

끝으로 이 책으로 공부하는 수험생과 모든 이들에게 좋은 성과가 있기를 바라며, 책이 출판되기까지 많은 도움을 주신 도서출판 **일진사** 직원 여러분께 감사드린다.

저자 씀

공조냉동기계산업기사 출제기준(실기)

직무 분야	기계	중직무 분야	기계장비설비 · 설치	자격 종목	공조냉동기계산업기사	적용 기간	2023.1.1.~ 2024.12.31.

○ 직무 내용 : 산업현장, 건축물의 실내 환경을 최적으로 조성하고, 냉동냉장설비 및 기타 공작물을 주어진 조건으로 유지하기 위해 기술기초이론 지식과 숙련기능을 바탕으로 공조냉동, 유틸리티 등 필요한 설비를 설계, 시공 및 유지관리하는 직무이다.

○ 수행 준거 : 1. 공조프로세스를 정확히 작도할 수 있으며 작도된 프로세스를 분석하고 타당성을 검토할 수 있다.

2. 냉동공조설비 설치에 따른 설계도서를 파악하여 공종별로 재료량과 공수를 산출하여 재료비와 인건비, 경비 등을 계산하여 공사비를 산정할 수 있다.

3. 공조설비의 기능을 최적의 상태로 운영하기 위해 공기조화기 및 부속장치의 기능을 확인하고 조치하는 운영을 할 수 있다.

4. 공조설비의 기능을 최적의 상태로 유지하기 위해 공기조화기 및 부속장치를 점검 관리할 수 있다.

5. 냉동기, 냉각탑 및 부속장치를 효율적으로 운영 관리할 수 있다.

6. 보일러, 급탕탱크 및 부속장치를 효율적으로 운영 관리할 수 있다.

7. 구조체의 열전달, 실내외 온 · 습도 조건 등을 고려하여 취득열량 및 손실열량을 계산할 수 있다.

8. 냉동사이클 분석이란 냉매의 종류에 따른 사이클의 특성을 파악하여 냉동능력을 계산하고 분석할 수 있다.

실기검정방법	복합형	시험시간	4시간 정도 (작업형 2시간 30분 정도, 필답형 1시간 30분 정도)

실기과목명	주요항목	세부항목	세세항목
공조냉동 기계 실무	1. 공조프로 세스 분석	1. 습공기선도 작도하기	1. 습공기선도 구성요소를 파악하고 이해할 수 있다. 2. 공기선도상에 공기혼합, 가열 및 냉각, 재열, 온도상승, 가습 및 감습 과정을 작도할 수 있다.
		2. 부하적정성 분석하기	1. 작도된 습공기선도 자료를 바탕으로 공조기 및 냉동기의 부하용량을 분석할 수 있다. 2. 분석한 부하용량을 바탕으로 공조기 및 냉동기의 적정성을 검토할 수 있다.
	2. 설비적산	1. 냉동설비 적산하기	1. 냉동설비 설계도서 등을 통하여 전체적인 시스템의 구성과 특수성을 파악할 수 있다. 2. 냉동설비 설계도서를 파악하여 도면에 따른 자재물량을 산출하고 자재비를 산정할 수 있다. 3. 냉동설비 설계도서를 파악하여 도면에 따른 공수를 산출하고 인건비를 산정할 수 있다. 4. 냉동설비 설치에 따른 현장여건, 설치조건, 계약조건 등의 발주처의 요구사항을 고려하여 내역서와 견적서를 작성 및 조정할 수 있다.
		2. 공조냉난방 설비 적산 하기	1. 공조냉난방설비 설계도서 등을 통하여 전체적인 시스템의 구성과 특수성을 파악할 수 있다. 2. 공조냉난방설비 설계도서를 파악하여 도면에 따른 자재물량을 산출하고 자재비를 산정할 수 있다.

실기과목명	주요항목	세부항목	세세항목
			3. 공조냉난방설비 설계도서를 파악하여 도면에 따른 공수를 산출하고 인건비를 산정할 수 있다.
			4. 공조냉난방설비 설치에 따른 현장여건, 설치조건, 계약조건 등의 발주처의 요구사항을 고려하여 내역서와 견적서를 작성 및 조정할 수 있다.
		3. 급수급탕오배수설비 적산하기	1. 급수급탕오배수설비 설계도서 등을 통하여 전체적인 시스템의 구성과 특수성을 파악할 수 있다.
			2. 급수급탕오배수설비 설계도서를 파악하여 도면에 따른 자재물량을 산출하고 자재비를 산정할 수 있다.
			3. 급수급탕오배수설비 설계도서를 파악하여 도면에 따른 공수를 산출하고 인건비를 산정할 수 있다.
			4. 급수급탕오배수설비 설치에 따른 현장여건, 설치조건, 계약조건 등의 발주처의 요구사항을 고려하여 내역서와 견적서를 작성 및 조정할 수 있다.
		4. 기타 설비 적산하기	1. 소화설비의 설계도면을 파악하고 자재비와 인건비를 적산할 수 있다.
			2. 가스 등 연료설비의 설계도면을 파악하고 자재비와 인건비를 적산할 수 있다.
			3. 냉동공조 특수설비의 설계도면을 파악하고 자재비와 인건비를 적산할 수 있다.
			4. 기타 냉동공조 관련 설비의 설계도면을 파악하고 자재비와 인건비를 적산할 수 있다.
	3. 공조설비 운영 관리	1. 공조설비 관리 계획 하기	1. 건물, 특정장소의 기본계획 수립 단계부터 필요한 공조방식, 주요 기기 사양 운영방법, 실내조건 등을 파악할 수 있다.
			2. 건물, 특정장소의 기본계획 수립 단계부터 필요한 공조방식, 주요 기기 사양 운영방법, 실내조건 등을 파악할 수 있다.
			3. 공조방식과 공조운영방식을 파악하여 계획 및 관리할 수 있다.
			4. 공조기 열원방식의 종류를 구분하고 운전경비, 공간, 기기 효율 저하, 내구수명 등 파악하여 계획 및 관리할 수 있다.
			5. 공조 조닝별 공조방식과 특징을 파악하고 공조계획을 수립할 수 있다.
			6. 건물 등급에 따른 공조기 운영계획 및 에너지 절약 계획을 수립할 수 있다.
		2. 가습기 점검하기	1. 세정기 구조와 하부수조 설치상태를 확인하고, 통과풍속, 수/공기비, 분무압력 등에 따른 세정상태를 점검할 수 있다.
			2. 가습은 동절기주로 사용하며 가습방식에 대하여 파악하고 점검할 수 있다.
			3. 적정한 증기압력이 유지되는지 확인하고 감압변 및 노즐 막힘 등에 대하여 점검할 수 있다.
			4. 전극식 가습기일 경우 전극봉 청소 등 관리기준에 의거하여 점검할 수 있다.
			5. 기화식 가습일 경우 급수탱크 및 공급라인의 오염상태를 점검할 수 있다.
			6. 수무부식 가습일 경우 공급압력 및 노즐 막힘에 대하여 확인하고 점검할 수 있다.
			7. 실내 열환경 4대 요소(온도, 습도, 기류, 복사)를 파악하고 실내 환경 기준에 맞는 습도를 관리할 수 있다.
		3. 공조기 자동제어 장치 관리 하기	1. 자동제어장치를 공기조화기, 열원기기, 반송기기 등의 계통으로 구별할 수 있다.
			2. 공조기 계통에서는 실내온습도조절기, CO_2 농도조절기, 엔탈피 조절기를 사용하고 점검할 수 있다.
			3. 열원기기 계통에서는 온도조절기, 압력조절기, 대수제어를 사용하고 점검할 수 있다.

실기과목명	주요항목	세부항목	세세항목
			4. 각 공조기, 열원기기 등에 컴퓨터를 이용한 분산 DDC 조절기를 설치하고 에너지절약 제어 프로그램에 대하여 파악하고 점검할 수 있다. 5. 공조기제어 기능의 종류(원격설정제어, 수동/자동교체제어, 회전수 속도교체제어, 외기도입제어, 최적기동/정지제어, 최소부하제어 등)를 파악하고 점검할 수 있다. 6. 시스템 하드웨어 및 통신 상태를 확인할 수 있다. 7. 시스템 운영상태 점검하고 지속적으로 모니터링 할 수 있다. 8. 데이터베이스의 백업상태 및 자동제어 패널의 DDC 상태를 점검할 수 있다.
		4. 전열교환기 점검하기	1. 설계도면, 계산서 및 설계에 참고되는 자료를 활용하여 전열교환기의 에너지를 분석할 수 있다. 2. 열교환기의 종류(회전형, 고정형)를 파악하고 계절에 따라 올바르게 관리할 수 있다. 3. 설치된 공조기 계통을 토대로 T.A.B 보고서와 각 장비의 사양을 보고 열교환기 성능을 확인 및 평가할 수 있다. 4. 전열교환기 본체 및 점검구, 필터, 보온재 등의 변형, 부식, 손상, 파손, 막힘, 오염, 노화유무 등을 점검 및 보수할 수 있다. 5. 열교환 엘리먼트 축 수분 소음·진동유무를 점검하고 구리스를 주입할 수 있다. 6. 열교환 엘리먼트의 막힘이나 손상 유무를 점검, 회전체 양부를 점검하고 오염이나 노화가 된 경우 청소, 보수할 수 있다. 7. 구동장치 벨트의 느슨함 및 손상 노화유무, 마모나 파손, 케이싱 오염, 부식유무를 점검 및 보수할 수 있다. 8. 전열교환기 전기계통 전압의 변동이 적합한 규정치(10%) 이내인지 확인할 수 있다. 9. 기어드 모터 절연저항 측정값이 적합한지 확인하고, 모터 표면온도, 오일누설의 이상유무와 전류가 정격치 내에 있는지에 대하여 점검할 수 있다. 10. 레일작동 상태, 단자류의 느슨함 등을 점검할 수 있다.
		5. 송풍기 점검하기	1. 송풍기 외관 날개차의 오염 및 변형, 볼트의 느슨함 및 부식, 케이싱 접촉상태 등을 확인 및 점검할 수 있다. 2. 송풍기 방진재, 스토퍼, 천장설치, 달대 지지 등의 느슨함과 부식을 확인할 수 있다. 3. 송풍기의 축 발열, 소음 및 진동 상태를 확인하고, 급유 보충, 교체할 수 있다. 4. 송풍 전동기의 손상, 부식상태 및 진동의 이상유무를 점검 및 확인할 수 있다. 5. 송풍 전동기의 올바른 회전방향과 절연저항치, 운전전류를 점검 및 확인할 수 있다. 6. 송풍기의 V-벨트의 손상유무 및 노화상태를 점검 및 확인할 수 있다.
		6. 공조기 관리하기	1. 공기냉각기, 공기가열기, 가습기, 송풍기 공기 여과기 등의 구성에 대해 파악하고 운전 관리할 수 있다. 2. 공기조화기를 종류에 따라 구분하고 각 특징에 맞게 관리할 수 있다. 3. 온도, 습도, 엔탈피 등 공기의 상태값을 선도에서 파악할 수 있다. 4. 선도 상태점에 따른 선도변화를 파악하고 장치의 성능을 관리를 할 수 있다. 5. 공조기를 계절에 따라 구분하여 점검 및 가동할 수 있다.

실기과목명	주요항목	세부항목	세세항목
			6. 시간대별 스케줄에 따라 가동하고 수시로 밸브 및 급·배기 개도를 확인하며, 감시반 모니터링에 의하여 온·습도 설정을 조정할 수 있다. 7. 동절기 공조기 가동 시 외기온도, −5℃ 이하 OA/EA 댐퍼작동 여부 및 히팅가열기 상태, 혼합온도에 동파방지 경보가 설정되어 있는지를 확인할 수 있다. 8. 공조기 가동 후 정지 상태를 확인하고 공조기 가동시간 등 운전일지를 작성, 기록, 유지할 수 있다.
		7. 펌프 관리하기	1. 펌프의 종류와 용도에 따라 펌프사양을 선정할 수 있다. 2. 펌프의 각 용도별 이상상태를 파악하고 고장원인과 그 대책을 수립할 수 있다. 3. 펌프의 용도별 설치 기준을 파악하고 유지관리의 용이성과 주의사항 등을 확인하여 적합하게 관리할 수 있다. 4. 펌프 운전 시 유의사항을 이해하고 회전방향, 흡입불량 등 이상 유무를 점검할 수 있다. 5. 펌프의 서징현상, 캐비테이션 현상 발생 시 원인을 파악하고 점검을 통하여 방지대책을 수립할 수 있다. 6. 펌프 전원을 투입 후 전압계 및 전원표시등을 확인하여 펌프를 가동할 수 있다. 7. 펌프 운전 시 전류를 측정하여 정상여부를 파악하고 이상 시 운전중지할 수 있다. 8. 펌프 정지 후 전류계를 확인하고 모터와 조작반의 절연 저항을 측정하여 이상 유무를 파악할 수 있다. 9. 장시간 펌프를 가동하지 않은 경우에는 샤프트 고착, 부식(녹)의 발생 유무를 확인하고, 교번운전을 수행할 수 있다. 10. 펌프 유지관리 기준을 작성하고 절연저항, 전선, 기기 및 단자의 조임 상태를 점검할 수 있다. 11. 전동기 점검을 통해 절연, 축수부 청소상태, 공극의 캡, 온도 상태를 확인할 수 있다. 12. 펌프 교체 시 펌프 성능 곡선을 파악하여 흡입양정, 토출양정, 실양정, 전양정을 계산하고, 유량과 동력 등을 계산할 수 있다.
	4. 공조설비 점검 관리	1. 방음/방진 점검하기	1. 소음전달 경로를 파악하고 원인에 대하여 확인 및 점검할 수 있다. 2. 공조기 기초에서 전파되는 소음 및 진동을 차단하기 위해 기초가대에 설치된 음향절연저항 재료의 시공 상태를 점검할 수 있다. 3. 공조기실 등에 차음벽을 설치 후 흡음재를 내장하고, 소음이 방사, 투과에 대한 시공 상태를 확인 및 점검할 수 있다. 4. 공조기 출구에 급기 체임버 설치 시 유리섬유 비산방지를 위해 설치된 동망 등의 시공 상태를 확인 및 점검할 수 있다. 5. 덕트가 바닥이나 벽체를 관통하는 경우 소음이 구조체로 전파되지 않게 절연시켰는지 시공 상태를 확인 및 점검할 수 있다. 6. 냉각탑의 소음을 검토하여 소음레벨이 허용값 이하인지 확인할 수 있다. 7. 차음벽이 올바르게 설치되어 있는지 확인할 수 있다. 8. 펌프, 송풍기에서 구조체로 전파되는 진동을 방지하기 위한 스프링방진과 방진고무 등이 설비기기에 적용되었는지 확인 및 점검할 수 있다. 9. 장비와 접속되는 배관에 방진이음이 되었는지 확인하고 방진행어, 방진지지를 설치하여 시공 상태를 확인 및 점검할 수 있다.

실기과목명	주요항목	세부항목	세세항목
		2. 배관 점검 하기	1. 공조기 배관장치의 압력, 재질, 성질 등 종류와 용도를 구분하고 관리할 수 있다. 2. 공조기 각 계통이 시공도면 및 장비 제작사의 규격에 나타난 사항과 일치하는지 확인할 수 있다. 3. 냉수, 냉각수, 증기, 공기, 냉매, 전기, 가스 등 공급 및 순환계통, 분배계통의 적정성을 확인하고, 점검 후 보수할 수 있다. 4. 등배관 유지보수 작업 시 알맞은 관 접합방법(나사접합, 용접접합, 플랜지접합, 동관접합)을 선택하여 활용할 수 있다. 5. 배관 및 부속품의 용도에 맞는 재질, 규격, 압력, 온도 등을 파악하고 각 특성에 따라 분류 및 표시하여 유지보수작업에 활용할 수 있다.
		3. 공조기 점검하기	1. 공조기를 장소특성 및 사용목적에 적합한 상태로 운영기준에 맞게 점검할 수 있다. 2. 각 공조방식의 종류와 특징을 파악하고 점검할 수 있다. 3. 공조기 기초 베이스의 변형, 드레인 팬의 오염, 방청, 부식 등 유무를 점검 및 확인할 수 있다. 4. 공조기의 외관상태 보온, 흡음재 파손 등 노화유무를 점검할 수 있다. 5. 공조실 유지보수 시 팬, 필터 교체, 덕트 스페이스 등을 검토할 수 있다. 6. 공조기 본체의 부식, 변형, 파손 등의 노화유무를 포함한 연결배관(팬 구동부 등)의 상태를 점검 및 관리할 수 있다. 7. 공조기 내부 열교환기의 냉 · 온수코일, 증기코일 등의 오손, 부식, 손상 등 노화유무를 점검할 수 있다. 8. 공조기의 일리미네이터 막힘이나 부식유무 점검을 확인할 수 있다. 9. 배수계통 드레인의 배수 오염 및 발청, 부식 등 본체 배수에 지장이 없는지 확인하고 공조기 U-트랩 봉수의 파괴 유무, 역할에 대해 점검 및 관리할 수 있다. 10. 공조기 초기 가동 시 점검하고, 가동 중 월 1회 이상 체크리스트에 의거하여 점검할 수 있다. 11. 공조기 내부의 점검램프가 점등하는 것을 확인할 수 있다.
		4. 공조기 필터 점검 하기	1. 공조기 필터의 종류별 특성을 파악하고, 점검 및 교체할 수 있다. 2. 필터의 용도에 따라 포집효율을 확인하고 공조기 공간에 맞는 사양을 선택할 수 있다. 3. 필터의 막힘 여부를 점검하여 세정, 교체할 수 있다. 4. 차압계에 의한 압력손실이 점검 초기압의 2배 이상으로 판단되면 세정, 교체할 수 있다. 5. 차압계에 의한 압력손실을 확인하고 관리할 수 있다. 6. 필터 프레임, 케이싱의 변형, 부식 등 노화유무를 점검하여 수리, 교체할 수 있다. 7. 필터 프레임 고정핀 부식 등 재질 및 불량 유무를 확인 점검 관리할 수 있다. 8. 공기질 측정주기를 파악하고 유지항목과 권고항목의 기준에 따라 관리할 수 있다. 9. 공조기 필터 교체 이력 및 공기질 측정결과를 기록하고 관리할 수 있다.
		5. 덕트 점검 하기	1. 덕트의 유속을 점검할 수 있다. 2. 캔버스 이음상태를 점검할 수 있다. 3. 풍량조절 댐퍼를 점검하고 작동상태를 점검할 수 있다.

실기과목명	주요항목	세부항목	세세항목
			4. 방화댐퍼의 퓨즈 용융 적정온도를 점검할 수 있다. 5. 가이드 베인의 시공상태를 점검할 수 있다. 6. 벽 등을 관통하는 덕트의 시공 상태와 덕트 접속부의 이완 및 누설여부를 점검할 수 있다. 7. 덕트의 단열시공 상태를 점검할 수 있다.
	5. 냉동설비 운영	1. 냉동기 관리하기	1. 왕복동식, 터보식, 스크루식, 흡수식 냉동기의 특징과 구조에 대해 파악할 수 있다. 2. 각 냉동기의 형식에 알맞은 운전일지를 작성하고 냉동기의 적정한 운전성 능과 이상유무를 판단할 수 있다. 3. 냉동기 가동 전후 냉동기 및 냉각탑 순환펌프의 작동유무를 확인할 수 있다. 4. 냉동기 가동 시 스케줄 제어를 확인하고 제어로직에 의해 가동되는 장비가 있을 경우 로직 시퀀스를 확인할 수 있다. 5. 냉동기가 흡수식일 경우 냉수, 냉각수 밸브상태를 확인하며 원격 기동/정지 시 현장 MCC 패널의 정상여부를 확인할 수 있다. 6. 냉수헤더 압력, 냉수온도, 냉수순환펌프 가동 상태, 냉각수 온도 및 펌프 가동상태를 감시할 수 있다. 7. 냉동기 가동 중 감시반 모니터링 및 가동상태의 이상 유무를 확인하고 냉동기 운전시간을 기록할 수 있다.
		2. 냉동기·부속장치 점검하기	1. 압축기, 응축기의 종류와 특징을 파악하여 점검 및 관리할 수 있다. 2. 증발기, 팽창밸브의 종류와 특징을 파악하여 점검 및 관리할 수 있다. 3. 부속기기의 종류(수액기, 유분리기, 액분리기, 열교환기, 가스퍼저, 액관 부속품 등)의 역할, 설치위치, 기능을 파악하고 점검 및 관리할 수 있다.
		3. 냉각탑 점검하기	1. 공기흐름과 송풍방식, 열전달 방법에 따른 냉각기의 구분을 파악하고 각 특성에 따라 관리할 수 있다. 2. 충진재 스케일, 부식에 대하여 점검 및 관리할 수 있다. 3. 산수기(살수기)의 회전 및 물분 사 상태를 확인하고 파손 및 분사파이프 막힘 등을 점검하여 관리할 수 있다. 4. 팬의 각도 및 모터 전류를 측정하여 정상여부를 확인하고 축, 전동기, 벨트, 풀리, 윤활유 보급 등에 대하여 점검 및 관리할 수 있다. 5. 냉각수 유속을 확인하고 점검할 수 있다. 6. 냉각탑 수질관리를 위하여 살균제 등의 약품을 투여하여 레지오넬라균 등이 검출되지 않도록 관리할 수 있다. 7. 냉각탑 설치위치의 적합성 등 기초, 방진, 소음, 공기흡입이 원활한지 점검 및 관리할 수 있다. 8. 동절기 동결방지장치를 설치하고 서모스탯 설정치 작동, 보온 등의 대책을 수립할 수 있다.
	6. 보일러설비 운영	1. 보일러 관리하기	1. 보일러의 본체, 연소장치, 부속장치 등에 대하여 파악할 수 있다. 2. 보일러의 종류를 파악하고 특성에 맞게 운영 및 관리할 수 있다. 3. 보일러 관리 내용을 연료관리, 연소관리, 열사용 관리, 작업 및 설비관리, 대기오염, 수처리 관리 등으로 분류하여 효율적으로 수행할 수 있다. 4. 에너지합리화법, 시행령, 시행규칙 등 관련법규를 파악할 수 있다. 5. 보일러 구조물과의 거리, 연료 저장 탱크와 거리, 각종 밸브 및 관의 크기, 안전밸브 크기 등 설치기준을 파악하고 관리할 수 있다. 6. 보일러 용량별 열효율표 및 성능 효율에 대해 파악하고 관리할 수 있다.

실기과목명	주요항목	세부항목	세세항목
		2. 급탕탱크 관리하기	1. 급탕탱크의 배관방식에 맞는 관리방법을 파악하여 점검 및 관리할 수 있다. 2. 온수의 오염 및 부식상태를 점검하고 유량조정변의 조정 및 신축계수의 기능을 확인하여 보존 및 관리할 수 있다. 3. 급탕탱크의 고장상태에 따라 원인을 파악하고 대책을 강구할 수 있다. 4. 배관과 구배관의 신축, 관의 지지철물, 관의 부식에 대한 고려, 관의 마찰손실, 보온, 수압시험, 팽창관과 팽창수조, 저탕조에 급수관 등에 대하여 전체적인 관리할 수 있다. 5. 저탕조 배관 부속품 감압밸브, 증기트랩, 스트레이너, 온도조절밸브, 벨로스 등 기능을 확인하여 보수 및 교체할 수 있다.
		3. 증기설비 관리하기	1. 증기의 특성을 파악하여 증기량과 압력에 따라 배관구경을 결정할 수 있다. 2. 응축수량을 산출하여 배관구경을 결정할 수 있다. 3. 증기배관 구경에 따라 선도를 보고 증기통과량을 구할 수 있다. 4. 배관에서 증기의 장애 워터 해머링에 대해 파악하고 방지할 수 있다. 5. 증기배관의 감압밸브, 증기트랩, 스트레이너 등의 작동상태를 점검할 수 있다. 6. 증기배관 신축장치 볼트 너트를 견고하게 설치하고, 정상 작동여부를 확인할 수 있다. 7. 증기배관 및 밸브의 손상, 부식, 자동밸브, 계기류 작동상태를 점검 및 확인할 수 있다. 8. 증기배관의 보온상태 점검 및 확인할 수 있다. 9. 증기배관의 적산 및 수선비를 산출할 수 있다.
		4. 부속장치 점검하기	1. 보일러 부속장치의 종류와 기능 및 역할에 대하여 구분하고 파악할 수 있다. 2. 송기장치, 급수장치, 폐열회수장치 등의 특성을 파악하여 기능을 점검할 수 있다. 3. 분출장치의 필요성, 분출시기, 분출할 때 주의사항, 분출방법 등 파악하여 필요 시 분출밸브와 분출 콕을 신속히 열어줄 수 있다. 4. 수면계 부착위치, 수면계 점검시기, 점검순서, 수면계 파손원인, 수주관 역할 등을 확인하고 점검할 수 있다. 5. 급수펌프의 구비조건에 대해서 파악하고 펌프 공동현상과 영향을 확인하여 공동현상 방지법을 이행할 수 있다. 6. 보일러 프라이밍, 포밍, 기수공발의 장애에 대해 파악 조치사항을 수행할 수 있다.
		5. 보일러 가동 전 점검하기	1. 난방설비운영 및 관리기준, 보일러 가동 전 점검사항에 대하여 확인할 수 있다. 2. 가동 전 스팀배관의 밸브 개폐상태를 점검할 수 있다. 3. 스팀헤더를 점검하여 응축수가 있을 경우 배출하여 워터해머를 방지할 수 있다. 4. 가스누설여부를 점검하고 배관 개폐상태를 점검할 수 있다. 5. 주증기밸브의 개폐상태를 확인하고 자체압력의 이상유무를 확인할 수 있다. 6. 수면계의 정상유무를 확인하고 급수측 밸브 개폐상태, 수량계 이상유무를 확인할 수 있다. 7. 보일러 컨트롤 패널의 각종 스위치 상태 확인 MCC 패널의 ON 확인, 기동상태를 점검할 수 있다.

실기과목명	주요항목	세부항목	세세항목
		6. 보일러 가동 중 점검하기	1. 보일러 운전 순서를 파악하고 수행할 수 있다. 2. 보일러 점화가 불시착(소화) 시 원인 파악 후 충분히 프리퍼지하여 다시 가동할 수 있다. 3. 수면계, 압력계 등의 정상 여부를 확인 및 점검할 수 있다. 4. 급수펌프의 정상 작동여부, 수위 불안정이 있는지 확인하고 점검할 수 있다. 5. 송풍기 가동상태, 화염상태의 색상(오렌지색)을 확인할 수 있다. 6. 헤더 및 배관 수격작용은 없는지 점검 및 확인할 수 있다. 7. 응축수 탱크의 상태를 확인하고 경수연화장치의 정상 작동여부에 대하여 점검 및 확인할 수 있다 8. 급수펌프 가동 시 소음, 누수여부와 각종 제어패널 상태를 점검, 확인할 수 있다. 9. 보일러 정지순서를 파악하여 컨트롤 패널 스위치를 Off, 소화 후 일정시간 송풍기를 프리퍼지하고 연소실, 연도에 있는 잔류가스를 배출하여 폭발위험이 없도록 관리할 수 있다.
		7. 보일러 가동 후 점검하기	1. 보일러 컨트롤 패널은 OFF 상태로 되어 있는지 점검 및 확인할 수 있다. 2. 수면계 수위상태를 파악하여 압력이 남아있는 경우 계속 급수여부를 확인할 수 있다. 3. 가스공급계통 연료밸브의 개폐여부를 확인할 수 있다. 4. 보일러실의 각종 밸브류를 확인할 수 있다. 5. 보일러 운전일지를 기록하고 특이사항을 인수인계할 수 있다.
		8. 보일러 고장 시 조치하기	1. 수면계의 수위 부족에도 불구하고 버너가 정지하지 않을 경우 즉시 정지하고 스위치 불량 원인을 제거할 수 있다. 2. 수위 부족에도 버너가 정지하지 않고 계속 운전되어 히터 본체가 과열로 판단될 경우 버너를 정지, 본체를 냉각시킬 수 있다. 3. 정상운전 중 정전 발생 시 버너 순환펌프 스위치를 정지시키고, 복전되면 수위확인 후 운전을 개시할 수 있다. 4. 연료가 불착화 정지 시 불시착 원인을 제거 후 내부 패널 프로텍트 릴레이 리셋을 눌러 재가동시킬 수 있다. 5. 모터 과부하에 의한 정지될 경우 과대한 전류가 흐르게 되면 서모릴레이가 작동되어 버너가 정지됨을 확인할 수 있다. 6. 히터온도가 과열 정지될 경우 온수온도조절스위치가 불량임을 확인할 수 있다. 7. 저수위차단 팽창탱크에 부착된 수위조절기, 보급수 전자변이 이상이 생기면 연료공급차단 전자변이 닫히고 버너가 정지되는 것을 확인할 수 있다.
	7. 냉난방 부 하계산	1. 냉방부하 계산하기	1. 실내냉방부하에 영향을 주는 인자들을 파악하고 계산할 수 있다. 2. 외기부하에 영향을 주는 인자들을 파악하고 계산할 수 있다. 3. 장치부하, 재열부하에 영향을 주는 인자들을 파악하고 계산할 수 있다.
		2. 난방부하 계산하기	1. 실내난방부하에 영향을 주는 인자들을 파악하고 계산할 수 있다. 2. 외기부하에 영향을 주는 인자들을 파악하고 계산할 수 있다. 3. 가습부하에 영향을 주는 인자들을 파악하고 계산할 수 있다.
	8. 냉동사이 클 분석	1. 기본냉동 사이클 분석하기	1. 표준 냉동사이클을 해석하여 냉동능력을 계산할 수 있다. 2. 냉매 종류에 따른 냉동사이클을 분석하여 설계에 반영할 수 있다.
		2. 흡수식 등 특수냉동 사이클 분석하기	1. 다단냉동사이클, 다원냉동사이클을 해석하여 냉동능력을 계산할 수 있다. 2. 흡수식 냉동사이클을 해석하여 냉동능력을 계산할 수 있다.

Contents

제3 편 실기 작업형 문제

부록 필답형 실전 모의고사

제 1 편

공조냉동기계 실무 핵심정리

1. 냉동 설비 설치
2. 공조 설비 설치

1 냉동 설비 설치

1-1 압력

(1) 압력

① 단위면적에 작용하는 힘

② 단위 : $kg/cm^2(at)$, $lb/in^2(PSI)$

(2) 대기압력

① 수은주의 높이 $76\,cm$, 수은 $1cc$의 무게 $13.595\,g$이므로,

　$76 \times 13.595 = 1033.22\,g/cm^2 = 1.0332\,kg/cm^2$

② $1kg/cm^2 = 14.22\,lb/in^2$, $14.7\,lb/in^2 \cdot a \fallingdotseq 1.033\,kg/cm^2 \cdot a$

③ 단위 : $1.033\,kg/cm^2 \cdot a$, $14.7\,lb/in^2 \cdot a$

> **참고** ・ $1atm = 760\,mmHg = 30\,inHg = 1.0332\,kg/cm^2 = 14.7\,lb/in^2$
> 　　　　 $= 1013.25\,mbar = 10332\,mmAq = 10332\,kg/m^2$
> ・ $1bar = 1000\,mbar = 1000\,hpa = 10^5\,N/m^2 = 10^5\,pa$

(3) 계기압력

① 대기압의 상태를 0으로 기준하여 측정한 압력

② 단위 : $kg/cm^2 \cdot g$, $lb/in^2 \cdot g$

(4) 절대압력

① 완전진공의 상태를 0으로 기준하여 측정한 압력

② 단위 : $kg/cm^2 \cdot a(ata)$, $lb/in^2 \cdot a(PSIA)$

　(가) 절대압력 $kg/cm^2 \cdot a =$ 계기압력 $kg/cm^2 + 1.033\,kg/cm^2$

　(나) 절대압력 $lb/in^2 \cdot a =$ 계기압력 $lb/in^2 + 14.7\,lb/in^2$

(5) 진공도

단위 cmHg vac, inHg vac, 그림에서 cmHg vac를 kg/cm^2·a로 고치면,

① cmHg vac에 kg/cm^2·a로 구할 때에는 $P = 1.033 \times \left(1 - \dfrac{h}{76}\right)$

② cmHg vac 시에 lb/in^2·a로 구할 때에는 $P = 14.7 \times \left(1 - \dfrac{h}{76}\right)$

③ inHg vac 시에 kg/cm^2·a로 구할 때에는 $P = 1.033 \times \left(1 - \dfrac{h}{30}\right)$

④ inHg vac 시에 lb/in^2·a로 구할 때에는 $P = 14.7 \times \left(1 - \dfrac{h}{30}\right)$

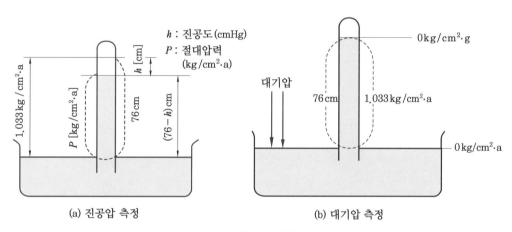

토리첼리의 실험

사이펀관 압력계   부르동관 압력계

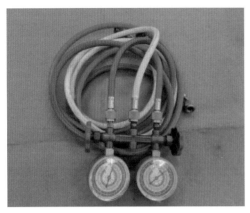

매니폴드 게이지

U자관 액주식 압력계

1-2 온도

(1) 섭씨온도

물의 응고점을 0.00℃로 하고 비등점을 100.00℃로 하여 그 사이를 100등분한 것이다.

(2) 화씨온도

물의 응고점을 32.00°F로 하고 비등점을 212.00°F로 하여 그 사이를 180등분한 것이다.

① $℃ = \dfrac{5}{9}(°F - 32)$ (℃ = Celsius)

② $°F = \dfrac{9}{5}℃ + 32$ (°F = Fahrenheit)

(3) 절대온도

0℃(0°F) 기체의 압력을 일정하게 유지하여 냉각시키면 온도가 1℃ 낮아질 때마다 체적이 1/273씩 작아져서 −273℃(−460°F)에서 체적이 완전히 없어진다. 이때 온도를 절대온도 0K(0°R)라 한다.

① 섭씨 절대온도(K = Kelvin) : 0K = −273℃, 0℃ = 273K

② 화씨 절대온도(°R = Rankin) : 0°R = −460°F, 0°F = 460°R

③ K와 °R의 관계 : °R = 1.8K

실무 핵심정리

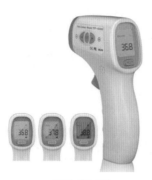

표면 온도계

액주식 온도계

1-3 냉동사이클

(1) 압축기(compressor)

① 가역단열 정상류 변화이다.

② 냉매를 상온에서 쉽게 액화시키기 위하여 온도와 압력을 상승시키는 열펌프이다.

왕복 밀폐형 압축기

중 · 저속 입형 압축기

고속 다기통 압축기

스크루 압축기

터보(원심식) 압축기

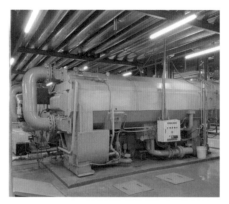

흡수식 냉동장치

(2) 응축기(condenser)

압축기에서 토출되는 고온 고압의 과열증기를 외부의 물 또는 공기와 열교환하여 액화
시키는 열방출 장치이다.

입형 셸 앤드 튜브식 응축기

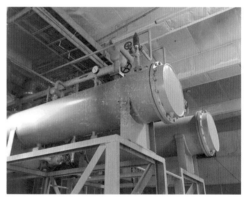

횡형 셸 앤드 튜브식 응축기

증발식 응축기

강제 대류 공랭식 응축기

실무 핵심정리

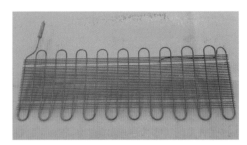
공랭식 응축기(자연 대류식)

공랭식 응축기(강제 대류식)

이중관식 응축기

(3) 팽창밸브(expansion valve)

응축기에서 액화된 냉매를 증발기에서 기화하기 쉬운 상태의 압력으로 감압시키고 냉동부하 변동에 따라서 냉매유량을 제어한다.

수동(구형) 팽창밸브

정압식 팽창밸브(자동 압력식 팽창밸브)

온도식 자동 팽창밸브(내부 균압형)   온도식 자동 팽창밸브(외부 균압형)

(4) 증발기(evaporator)

팽창밸브에서 감압된 저온저압의 습증기가 외부로부터 열을 흡수하는 장치이다.

핀 코일 증발기

건식 증발기   판상형 증발기

핀 코일 증발기

실무 핵심정리

1-4 부속 장치

(1) 유분리기(oil separator)

① 설치 목적 : 토출되는 고압가스 중에 미립자의 윤활유가 혼입되면 윤활유를 냉매증기로부터 분리시켜서 응축기와 증발기에서 유막을 형성하여 전열이 방해되는 것을 방지하는 역할을 한다. 또한 유분리기 속에서 유동속도가 급격히 감소하므로 일종의 소음방지기 역할도 하며, 왕복동식 압축기의 경우에는 순환냉매의 맥동을 감소시키기도 한다.

② 설치 위치

　(가) NH_3 장치의 경우 : 토출배관의 3/4 위치 중 응축기에 가까운 위치

　(나) freon 장치의 경우 : 토출배관의 1/4 위치 중 압축기에 가까운 위치

③ 유분리기의 종류

　(가) 배플형 유분리기(baffle type oil separator) : 방해판을 이용하여 방향을 변환시켜서 oil을 판에 부착하여 분리시키는 장치이다.

　(나) 원심분리형 유분리기(centrifugal extractor oil separator) : 선회판을 붙여 가스에 회전운동을 줌으로써 oil을 분리시키는 장치로 철망형과 사이클론형이 있다(원심분리형, 가스 충돌 분리형, 유속 감소 분리형).

유분리기

(2) 액분리기(accumulator)

① 증발기와 압축기 사이의 흡입배관 중에 증발기보다 높은 위치에 설치하는데, 증발기 출구관을 증발기 최상부보다 150mm 입상시켜서 설치하는 경우도 있다.

② 흡입가스 중의 액립을 분리하여 증기만 압축기에 흡입시켜서 액압축(liquid hammer)으로부터 위험을 방지한다.

③ 냉동부하 변동이 격심한 장치에 설치한다.

④ 액분리기의 구조와 작동원리는 유분리기와 비슷하며, 흡입가스를 용기에 도입하여 유속을 1m/s 이하로 낮추어 액을 중력에 의하여 분리한다.

액분리기

(3) 불응축 가스 퍼지(purge)

① 응축기 상부로 제거하는 법 : 냉동기 운전을 정지하고 응축기에 냉각수를 30분간 계속(냉각수 입·출구 온도가 같을 때까지) 통수하여 냉매를 완전히 액화시킨 다음에 응축기 입·출구 밸브를 닫고 상부의 공기 배기밸브를 열어 불응축 가스를 배기하고 정상 운전한다.

② 수동 가스 퍼지(york gas purge)

③ 자동 가스 퍼지(암스트롱식 : Amstrong type)

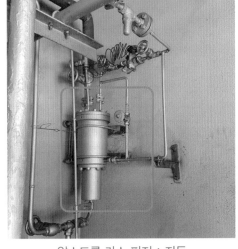

| 요크 가스 퍼지 : 수동 | 암스트롱 가스 퍼지 : 자동 |

(4) 수액기(liquid receiver)

① 장치를 순환하는 냉매액을 일시 저장하여 증발기의 부하변동에 대응하여 냉매 공급을 원활하게 하며, 냉동기 정지 시에 냉매를 회수하여 안전한 운전을 하게 한다.

② 응축기와 팽창밸브 사이의 고압액관에 설치하며, 응축기에서 액화한 냉매가 지체 없이 흘러내리게 하기 위하여 균압관을 응축기 상부와 수액기 상부에 설치한다.

③ 냉동장치를 수리하거나 장기간 정지시키는 경우에 장치 내의 냉매를 회수시킨다.

④ NH_3 장치에서는 냉매충전량을 1RT당 15kg으로 하고 그 충전량의 1/2을 저장할 수 있는 것을 표준으로 한다.

⑤ 소용량의 프레온 냉동장치에서는 응축기(횡형 수랭식)를 수액기 겸용으로 사용한다.

수액기

액면계
(liquid indicator)

수액기

(5) 여과기(strainer or filter)

① 팽창밸브와 전자밸브 및 압축기 흡입측에 여과기를 설치한다.

② 여과기는 냉매 배관, 윤활유 배관, 건조기 내부에 삽입, 팽창밸브나 감압밸브류 등 제어기 앞에 사용하는 것이 있다.

③ 윤활유용 여과기는 오일 속에 포함된 이물질을 제거하는 것으로 80~100mesh 정도 이다.

④ 냉매용 여과기는 보통 70~100mesh 사이로 팽창밸브에 삽입되거나 직전 배관에 설치되며, 흡입측에는 압축기에 내장되어 있다.

Y형 여과기

V형 여과기

2 공조 설비 설치

2-1 난방 설비와 용량

(1) 보일러 용량

① 상당 증발량(equivalent evaporation) : 발생증기의 압력, 온도를 병기하는 대신에 어떤 기준의 증기량으로 환산한 것

$$q = G(h_2 - h_1)[\text{kcal/h}]$$

$$G_e = \frac{G(h_2 - h_1)}{538.8}[\text{kg/h}]$$

여기서, G : 실제 증발량(kg/h)

G_e : 상당 증발량(kg/h)

h_1 : 급수 엔탈피(kcal/kg)

h_2 : 발생증기 엔탈피(kcal/kg) 또는 (kJ/kg)

② 보일러 마력(boiler horsepower) : 급수온도가 100℉(약 37.78℃)이고 보일러 증기의 계기압력이 70PSI(약 4.92atg)일 때 한 시간당 34.51LB/h(약 15.65kg/h)가 증발하는 능력을 1보일러 마력(BHP)이라 한다. 즉, 1BHP=15.65×539≒8436kcal/h이고, EDR=$\frac{8436}{650}$≒13m²이다.

(2) 보일러 부하

① 난방부하(q_1) : 증기난방인 경우는 1m² EDR당 650kcal/h(2722kJ/h), 혹은 증기응축량 1.21kg/m²·h로 계산하고, 온수난방인 경우는 수온에 의한 환산치를 사용하여 계산한다.

② 급탕, 급기부하(q_2)

(개) 급탕부하 : 급탕량 1L당 약 60kcal/h(252kJ/h)로 계산한다.

(내) 급기부하 : 세탁 설비, 부엌 등이 급기를 필요로 할 경우 그 증기량의 환산열량으로 계산한다.

③ 배관부하(q_3) : 난방용 배관에서 발생하는 손실열량으로 (q_1+q_2)의 20% 정도로 계산한다.

④ 예열부하(q_4) : $q_1+q_2+q_3$에 대한 예열계수를 적용할 것

⑤ 보일러 출력 표시법

　㉮ 정격출력 : $q_1+q_2+q_3+q_4$

　㉯ 상용출력 : $q_1+q_2+q_3$

　㉰ 방열기 용량 : q_1+q_2

⑥ 보일러 효율(efficiency of boiler ; η_B)

$$\eta_B = \frac{G(h_2 - h_1)}{G_f \cdot H_l} = \eta_c \cdot \eta_h = 0.85 \sim 0.98$$

여기서, η_c : 절탄기, 공기예열기가 없는 것($\eta_c=0.60 \sim 0.80$)

　　　　η_h : 절탄기, 공기예열기가 있는 것($\eta_h=0.85 \sim 0.90$)

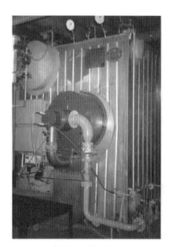
수관 보일러

관류 보일러

주철제 보일러

2-2 방열기(radiator)

(1) 방열기의 종류

① 주형 방열기(column radiator) : 1절 (section)당 표면적으로 방열면적을 나타내며, 2주형, 3주형, 3세주형, 5세주형의 4종류가 있다.

② 벽걸이형 방열기(wall radiator) : 가로형과 세로형의 2가지로서 주철 방열기이다.

③ 길드형 방열기(gilled radiator) : 방열면적을 증가시키기 위해 파이프에 핀이 부착되어 있다.

④ 대류형 방열기(convector) : 강판제 캐비닛 속에 컨벡터(주철 또는 강판제) 또는 핀 튜브의 가열기를 장착하여 대류작용으로 난방을 하는 것으로 효율이 좋다.

(2) 방열량 계산

① 표준 방열량

㉮ 증기 : 열매온도 102℃(증기압 1.1ata), 실내온도 18.5℃일 때의 방열량

$$Q = K(t_s - t_1) = 8 \times (102 - 18.5) ≒ 650 \, \text{kcal/m}^2 \cdot \text{h} \, (755.8 \, \text{W/m}^2)$$

여기서, K : 방열계수[증기 : 8kcal/m² · h, 온수 : 7.2kcal/m² · h]

t_s : 증기온도(℃)

t_1 : 실내온도(℃)

㉯ 온수 : 열매온도 80℃, 실내온도 18.5℃일 때의 방열량

$$Q = K(t_2 - t_1) = 7.2(80 - 18.5) ≒ 450 \, \text{kcal/m}^2 \cdot \text{h} \, (523 \, \text{W/m}^2)$$

여기서, K : 방열계수

t_s : 열매온도(℃)

t_1 : 실내온도(℃)

② 표준 방열량의 보정

$$Q' = Q/C$$

$$C = \left(\frac{102 - 18.5}{t_s - t_1}\right)^n : \text{증기난방}, \quad C = \left(\frac{80 - 18.5}{t_w - t_1}\right)^n : \text{온수난방}$$

여기서, Q' : 실제상태의 방열량(kcal/m² · h 또는 kJ/m²h)

Q : 표준 방열량(kcal/m² · h 또는 kJ/m²h)

C : 보정계수

n : 보정지수(주철 · 강판제 방열기 : 1.3, 대류형 방열기 : 1.4,

파이프 방열기 : 1.25)

주형 방열기

벽걸이형 방열기

알루미늄 방열기

2-3 밸브와 트랩 및 공조기와 취출구

(1) 글로브 밸브(globe valve)

① 옥형 밸브, 스톱 밸브라고도 하며 관로가 갑자기 바뀌기 때문에 유체의 저항이 크다.

② 관로 폐쇄 또는 유량조절용으로 좋다.

③ 보통 50A 이하는 포금제 나사형, 65A 이상은 밸브 디스크와 시트는 청동제, 본체는 주철(주강) 플랜지 이음형이다. 밸브 디스크의 모양은 평면형, 반구형, 원뿔형 등의 형상이 있다.

(2) 슬루스 밸브(sluice valve)

게이트 밸브(gate valve)라고도 하며, 유체의 흐름을 단속하는 밸브로서 배관용으로 많이 사용된다. 밸브를 완전히 열면 유체흐름의 단면적 변화가 없어서 마찰저항이 없다. 그러나 리프트(lift)가 커서 개폐에 시간이 걸리며, 밸브를 절반 정도 열고 사용하면 와류가 생겨 유체의 저항이 커지기 때문에 유량 조절이 적당하지 않다.

실무 핵심정리

| 글로브 밸브 | 슬루스 밸브 |

(3) 콕(cock)

콕은 원뿔에 구멍을 뚫은 것으로 90° 회전함에 따라 구멍이 개폐되어 유체가 흐르고 멈추게 되어 있는 밸브이다. 유로의 면적이 같고 일직선이 되기 때문에 유체의 저항이 적고 구조도 간단하나 기밀성이 나빠 고압 유량에는 적당하지 않다.

| 퓨즈콕 | 상자콕 |

(4) 버터플라이 밸브(butterfly valve)

밸브판의 지름을 축으로 하여 밸브판을 회전함으로써 유량을 조정하는 밸브이다. 이 밸브는 기밀을 완전하게 하는 것은 곤란하나 유량을 조절하는 데는 편리하다.

(5) 볼 밸브(ball valve)

구멍이 뚫리고 활동하는 공 모양의 몸체가 있는 밸브로서 비교적 소형이며, 핸들을 90°로 움직여 개폐하므로 개폐시간이 짧아 가스 배관에 많이 사용한다.

버터플라이 밸브

볼 밸브

스윙식 체크밸브

리프트식 체크밸브

앵글 밸브

(6) 증기 트랩(steam trap)

방열기 또는 증기관 내에 생긴 응축수 및 공기를 증기로부터 분리하여 증기는 통과시키지 않고 응축수만 환수관으로 배출하는 장치이다.

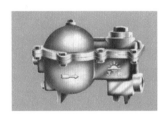

플로트식 트랩

버킷식 트랩

디스크식 트랩

열동식(방열기) 트랩

실무 핵심정리

(7) 공기조화기(AHU : air handling unit)

일반적으로 공조기는 공기냉각기, 공기가열기, 공기여과기, 가습기, 송풍기 등을 포함하여 공장 등에 주로 사용한다.

수평형 공조기

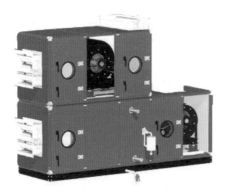

복합형 공조기

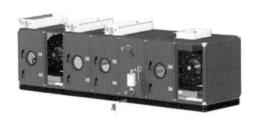

일체형 공조기

천장 매립(밀폐형) 공조기

(8) 토출구와 흡입구

① 축류형 취출구 : 노즐형 취출구(nozzle diffuser), 펑커 루버(punka louver), 베인(vane), 라인(line)형 취출구 등이 있다.

② 복류형 취출구 : 팬(pan)형, 아네모스탯(anemostat)형 등이 있다.

③ 흡입구 : 벽과 천장 설치형으로 격자형(고정 베인형)이 가장 많이 사용되고, 바닥 설치형으로 버섯 모양의 머시룸(mushroom)형 등이 있다.

노즐형 취출구

펑커 루버 취출구

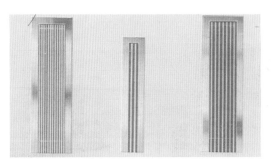

라인형 취출구

원형 팬 취출구

각형 팬 취출구

각형 아네모스탯 취출구

원형 아네모스탯 취출구

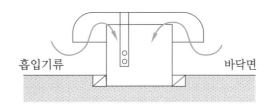

그릴   머시룸형 흡입구

2-4 펌프(pump)

(1) 운전동력

① 수동력

$$L[\text{PS}] = \frac{\gamma \cdot Q \cdot H}{75}, \quad L[\text{kW}] = \frac{\gamma \cdot Q \cdot H}{102}$$

② 축동력

$$L_a = \frac{수동력}{\eta}$$

(2) 펌프의 양정(lift) : mAq

① 전양정

$$H = h_a + h_p + h_f + h_v + h_t$$

여기서, H : 펌프의 소요양정(mAq)

      h_v : 속도수두차(흡입유속이 2m/s 이하일 때는 무시)

      h_a : 실양정(토출 흡입면의 고저차 : mAq)

      h_f : 배관 마찰손실수두(mAq)

      h_p : 압력수두차(양면이 대기개방일 때는 0) $= \dfrac{P_1 - P_2}{\gamma}$

      h_t : 국부 손실수두(mAq)(밸브, 엘보, 응축기, 쿨링 타워 등의 기내 손실수두)

② 펌프를 직렬연결하면 양정은 증가하고 송수량은 일정하며, 또 펌프를 병렬연결하면 양정은 일정하고 송수량은 증가한다.

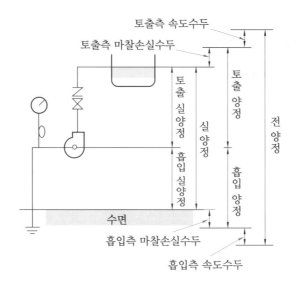

(3) 상사법칙

① 송수량 $Q_2 = \dfrac{N_2}{N_1} \cdot Q_1 [\mathrm{m^3/min}]$

② 전양정 $H_2 = \left(\dfrac{N_2}{N_1}\right)^2 \cdot H_1 [\mathrm{mAq}]$

③ 축동력 $P_2 = \left(\dfrac{N_2}{N_1}\right)^3 \cdot P_1 [\mathrm{kW}]$

여기서, N_1, N_2 : 회전수 $\qquad$ H_1, H_2 : 양정, $\qquad$ η_1, η_2 : 효율

$\qquad\quad$ Q_1, Q_2 : 수량 $\qquad\quad$ P_1, P_2 : 축동력

참고 상사법칙은 회전수 변화 20% 이내에서 성립한다.

벌류트 펌프

플렉시블 신축이음

터빈 펌프

액순환식 증발기의 액펌프

2-5 ○ 송풍기

(1) 송풍기에 관한 공식

① 소요동력

$$L[\text{kW}] = \frac{P_t \cdot Q}{102\eta_t \times 3600}$$

$$P_t = P_v + P_s$$

여기서, P_t : 전압 (kg/m^2) $\qquad$ Q : 풍량 (m^3/h) $\qquad$ η_t : 전압효율
$\qquad\quad$ P_v : 동압 (kg/m^2) $\qquad$ P_s : 정압 (kg/m^2)

② 다익 송풍기 번호 (No.)

$$\text{No.} = \frac{\text{날개의 지름} (\text{mm})}{150 \text{mm}}$$

③ 축류형 송풍기 번호 (No.)

$$\text{No.} = \frac{\text{날개의 지름} (\text{mm})}{100 \text{mm}}$$

(2) 송풍기의 법칙

공기 비중이 일정하고 같은 덕트장치일 때	$N \to N_1$ (비중=일정)	$Q_1 = \dfrac{N_1}{N} Q, \qquad P_1 = \left(\dfrac{N_1}{N}\right)^2 P$ $\mathrm{HP}_1 = \left(\dfrac{N_1}{N}\right)^3 \mathrm{HP}$
	$d \to d_1$ (N=일정)	$Q_1 = \left(\dfrac{d_1}{d}\right)^3 Q, \qquad P_1 = \left(\dfrac{d_1}{d}\right)^2 P$ $\mathrm{HP}_1 = \left(\dfrac{d_1}{d}\right)^5 \mathrm{HP}$
필요압력이 일정할 때	$\gamma \to \gamma_1$	$N_1 = N \sqrt{\dfrac{\gamma}{\gamma_1}}, \qquad Q_1 = Q \sqrt{\dfrac{\gamma}{\gamma_1}}$ $\mathrm{HP}_1 = \mathrm{HP} \sqrt{\dfrac{\gamma}{\gamma_1}}$
송풍량이 일정할 때	$\gamma \to \gamma_1$	$P_1 = \dfrac{\gamma_1}{\gamma} P$ $\mathrm{HP}_1 = \dfrac{\gamma_1}{\gamma} \mathrm{HP}$
송풍 공기질량 일정	$\gamma \to \gamma_1$	$Q_1 = \dfrac{\gamma}{\gamma_1} Q$ $N_1 = \dfrac{\gamma}{\gamma_1} N$ $P_1 = \dfrac{\gamma}{\gamma_1} P$ $\mathrm{HP}_1 = \left(\dfrac{\gamma}{\gamma_1}\right)^2 \mathrm{HP}$
	$t \to t_1$ $P \to P_1$	$Q_1 = \sqrt{\dfrac{P_1}{P} \dfrac{(t_1+273)}{(t+273)}} \, Q$ $N_1 = N \sqrt{\dfrac{P_1}{P} \dfrac{(t_1+273)}{(t+273)}}$ $\mathrm{HP}_1 = \mathrm{HP} \sqrt{\left(\dfrac{P_1}{P}\right)^3 \dfrac{(t_1+273)}{(t+273)}}$

㈜ Q : 공기량(m^3/h), P : 정압(mmAq), N : 회전수(rpm)

γ : 비중량($\mathrm{kg/m}^3$), t : 공기온도(℃), d : 송풍기 임펠러 지름(mm)

고압 송풍기

축류형 송풍기

원심형 송풍기

2-6 자동제어 설비

(1) 시퀀스 제어의 접점 도시 기호

명칭	그림 기호		적요
	a 접점	b 접점	
접점(일반) 또는 수동 조작	(a) (b)	(a) (b)	• a 접점 : 평시에 열려 있는 접점(NO) • b 접점 : 평시에 닫혀 있는 접점(NC) • c 접점 : 전환 접점
수동 조작 자동 복귀 접점	(a) (b)	(a) (b)	손을 떼면 복귀하는 접점이며, 누름형, 당김형, 비틀형으로 공통이며, 버튼 스위치, 조작 스위치 등의 접점에 사용된다.
기계적 접점	(a) (b)	(a) (b)	리밋 스위치와 같이 접점의 개폐가 전기적 이외의 원인에 의하여 이루어지는 것에 사용된다.
조작 스위치 잔류 접점	(a) (b)	(a) (b)	

전기 접점 또는 보조 스위치 접점	(a) (b)	(a) (b)	
한시 동작 접점	(a) (b)	(a) (b)	특히, 한시 접점이라는 것을 표시할 필요가 있는 경우에 사용한다.
한시 복귀 접점	(a) (b)	(a) (b)	
수동 복귀 접점	(a) (b)	(a) (b)	인위적으로 복귀시키는 것인데, 전자식으로 복귀시키는 것도 포함된다. 예를 들면, 수동 복귀의 열전 계전기 접점, 전자 복귀식 벨 계전기 접점 등
전자접촉기 접점	(a) (c) (b) (d)	(a) (c) (b) (d)	잘못이 생길 염려가 없을 때에는 계전접점 또는 보조 스위치 접점과 똑같은 그림 기호를 사용해도 된다.
제어기 접점 (드럼형 또는 캠형)			그림은 하나의 접점을 가리킨다.

실무 핵심정리

(2) 릴레이 접점 회로

a 접점 릴레이 코일 Ⓧ - - - - ↺ a	릴레이 코일이 여자된 때에 ON되고, 여자를 잃으면 OFF되는 접점을 말한다. 메이크(make) 접점이라고 한다.
b 접점 릴레이 코일 Ⓧ - - - - ↺ b	릴레이 코일이 여자된 때에 OFF되고, 여자를 잃으면 ON되는 접점을 말한다. 브레이크(brake) 접점이라고 한다.
c 접점 릴레이 코일 Ⓧ - - - - ↺ c	a 접점과 b 접점과의 절체 접점을 말한다. 트랜스퍼(transfer) 접점이라고도 한다.

(3) 8pin relay

① 내부 결선도

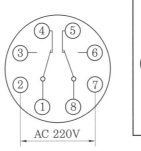
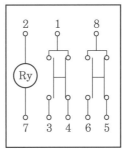

② 소켓 번호

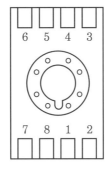

(4) 11Pin Relay

① 내부 결선도

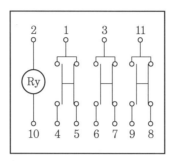

② 소켓 번호

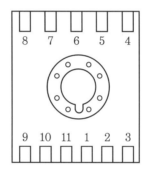

(5) timer 내부 결선도

① 순시 접점, 한시 접점

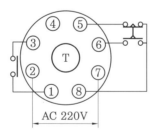

② 한시 접점

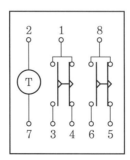

(6) 플리커 릴레이

① 내부 결선도

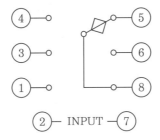

② 소켓 번호

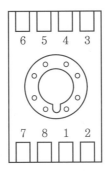

전자접촉기

타이머(한시계전기)

8 pin 릴레이

11 pin 릴레이

기동 콘덴서(페이퍼형)

진상 콘덴서(페이퍼형)

진상 콘덴서(오일형)

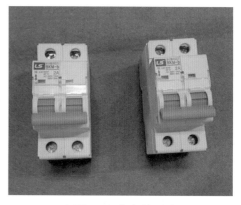

노퓨즈 브레이커(NFB)

전류형 릴레이

전압형 릴레이

제 2 편

필답형 예상문제

1. 냉동 설비 설치
2. 공조 설비 설치

01 40°F는 몇 K인가?

해답 $K = \dfrac{1}{1.8} \times (460 + 40) = 277.777 \fallingdotseq 277.78\,\mathrm{K}$

02 압력계의 지침이 9.8cmHg vac였다면 절대압력은 몇 kg/cm²a인가?

해답 $P = \dfrac{76 - 9.8}{76} \times 1.033 = 0.899 \fallingdotseq 0.90\,\mathrm{kg/cm^2 a}$

03 비등점이 점차 낮은 냉매를 사용하여 저비등점 냉매의 과열증기를 액화시키는 냉동 사이클은 무엇인가?

해답 2원 냉동장치

04 절대압력 0.76kg/cm²은 복합 압력계의 눈금으로 몇 cmHg vac인가?

해답 진공압력 = 대기압력 - 절대압력

$$= 76 - \left(\dfrac{0.76}{1.033} \times 76 \right) = 20.1\,\mathrm{cmHg\ vac}$$

05 2원 냉동 사이클에서 저온 냉동 사이클의 응축기와 고온 냉동 사이클의 증발기가 조합되어 열교환을 하는 구조로 되어 있는 장치의 명칭을 쓰시오.

해답 캐스케이드 콘덴서(cascade condenser)

06 증발기의 저온 저압의 기체 냉매를 고속의 회전운동을 시켜서 속력에너지를 디퓨저에 의해서 압력에너지로 전환시키는 방식의 냉동기는 무엇인가?

해답 원심식(터보) 냉동기

07 암모니아 냉동기에서 윤활유에 수분이 섞이면 유분리기에서 기름이 분리되지 않고 응축기와 증발기로 흘러들어가는 예가 있으며, 우윳빛으로 변질되는 현상을 무엇이라 하는가?

해답 에멀션(emulsion) 현상(유탁액 현상)

08 물을 냉매로 하며 이젝터로 다량의 증기를 분사할 때의 부합작용을 이용하여 냉동을 하는 방법의 명칭을 쓰시오.

해답 증기분사식 냉동법

09 압축기 정지 중에 크랭크실 내의 윤활유에 용해되었던 냉매가 기동 시에 급격히 압력이 낮아져 증발하게 된다. 이때 윤활유가 거품이 일어나고 유면이 약동하게 되는 현상을 무엇이라 하는가?

해답 오일 포밍(oil foaming) 현상

10 프레온 냉동장치에서 동(Cu)이 오일에 용해되어 금속표면에 도금되는 현상을 무엇이라 하는가?

해답 코퍼 플레이팅(copper plating) 현상 (동부착 현상)

11 개발된 순서대로 R−500, R−501, R−502와 같이 일련번호를 붙이는 냉매 명칭은 무엇인가?

해답 공비 혼합 냉매

12 CFC 냉매는 분해되어 오존층과 지구온난화 주범이 되어 규제 대상이 되는 냉매 원소 3가지를 쓰시오.

해답 염소(Cl), 불소(F), 탄소(C)

13 냉동공장을 표준 사이클로 유지하고 암모니아 순환량을 186 kg/h로 운전했을 때 소요동력은 몇 kW인가? (단, 1 kg을 압축하는 데 필요한 열량은 235 kJ/kg이다.)

해답 $L = \dfrac{186 \times 235}{3600} = 12.141 \fallingdotseq 12.14\,\text{kW}$

14 암모니아 냉동장치에서 냉매 1kg당의 냉동효과가 1129kJ이다. 냉동능력 15RT가 요구될 때 냉매순환량은 몇 kg/h인가? (단, 1RT＝3.86kW이다.)

해답 $G = \dfrac{15 \times 3.86 \times 3600}{1129} = 184.623 ≒ 184.62 \text{kg/h}$

15 운동부의 강도와 진동을 개선해서 고속회전을 할 수 있음과 동시에 용량을 크게 할 수 있도록 한 것으로 압축기 헤드에 안전두가 설치되어 있어서 액압축 시 소손을 방지하는 압축기 명칭을 쓰시오.

해답 고속다기통 압축기

16 소형 냉동장치에 많이 사용되며, 회전익형과 고정익형으로 구분되고 흡입밸브가 없는 대신에 역류방지 밸브가 설치되고 연속 흡입 토출하며 토출 밸브가 있는 압축기 명칭을 쓰시오.

해답 회전 압축기(rotary compressor)

17 냉동기 운전 중 청소가 가능한 응축기의 명칭을 쓰시오.

해답 입형 셸 엔드 튜브식 응축기(입형 응축기)

18 물의 증발잠열을 이용하여 냉매를 액화시키는 응축기의 명칭을 쓰시오.

해답 증발식 응축기

19 흡입압력 조정밸브(SPR)의 (1) 설치 목적, (2) 작동 원리, (3) 설치 위치에 대하여 설명하시오.

해답 (1) 설치 목적 : 압축기의 흡입압력이 일정압력 이상으로 되지 않도록 조정하여 전동기(motor)의 과부하를 방지한다.
　　(2) 작동 원리 : 압축기의 흡입압력이 일정보다 높으면 밸브가 닫히고, 낮으면 밸브가 열린다.
　　(3) 설치 위치 : 압축기의 입구측 흡입관

20 냉동장치에 사용되는 증발압력 조정밸브(EPR)에 대해서 다음 각 물음에 답하시오.

(1) 역할

(2) 작동 원리

(3) 설치 위치

해답 (1) 증발압력이 일정압력 이하가 되는 것을 방지한다.

(2) EPR의 입구측 압력에 의해서 작동되며, 증발압력이 일정 이상이 되면 열리고, 일정 이하가 되면 닫히게 된다.

(3) 증발기 출구측 흡입관

참고 1. 증발온도가 각기 다른 여러 대의 증발기를 운전할 경우에는 가장 낮은 증발압력을 기준하여 압축기가 운전된다.

2. 가장 낮은 증발압력 이상의 증발기 출구에는 모두 EPR을 설치하며, 저온측의 증발기 출구에는 체크밸브를 설치하여 냉매가스의 역류를 방지한다.

21 냉동장치의 운전 중에 증발기 냉각관에는 적상(積霜 ; frost)이 되는데 그 이유와 적상이 되었을 때 장치에 나타나는 영향과 제상(除霜 ; defrost)을 위한 일반적인 방법을 기술하시오.

해답 (1) 적상이 되는 이유

공기를 냉각하는 증발기의 증발온도가 0℃ 이하인 경우의 냉각관 표면에 공기 중의 수분이 응축 동결되어 서리가 부착(적상)하게 된다.

(2) 적상이 되었을 때 장치에 나타나는 영향

① 증발온도(압력) 저하(전열이 불량하여 냉장실 내 온도가 상승하여 온도 차이가 증가하므로)

② 토출가스 온도 상승(압축비 증대), 실린더 과열, 윤활유의 열화

③ 냉동능력당 소요 동력 증대

④ 리퀴드 백(liquid back) 우려

⑤ 냉동능력 감소

(3) 제상의 방법

① 고압가스 제상(hot gas defrost)

② 살수식 제상(water spray defrost)

③ 전열식 제상(electric heat defrost)

④ 브라인 분무 제상(brine spray defrost)

⑤ 온공기 제상(warm air defrost = off cycle defrost)

22 다음 그림 (a)와 같은 R-12 냉동장치가 그림 (b)와 같은 냉동 사이클로 운전되고, 액가스 열교환기에서 액화냉매와 냉매가스 사이에 액화냉매 1kg당 3kcal/kg의 열교환을 하였을 때, 열교환기의 액화냉매 출구(그림의 C점)의 액화냉매온도(℃) 및 열교환기의 냉매가스 출구(그림의 F점)의 냉매가스온도(℃)를 구하시오. (단, 응축 온도 40℃, 증발온도 -20℃, 응축기 출구, 즉 열교환기 입구 B점의 액화냉매온도 35℃, 증발기 출구, 즉 열교환기 입구 E점의 냉매가스 온도 -15℃, 또한 그림에서 A점의 엔탈피는 109.4kcal/kg, D점의 엔탈피는 134.7kcal/kg, 그리고 40℃에서의 액화냉매비열 0.25kcal/kg·℃, -20℃에서의 냉매가스 정압비열 0.15kcal/kg·℃로 한다. 이 밖에 열교환기에서는 액화냉매가스 사이 이외의 외부와의 열수수는 없는 것으로 한다.)

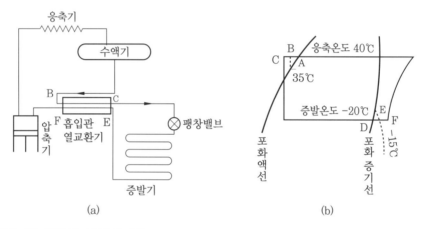

(a)　　　　　　　　　　　　(b)

해답 (1) C점의 액화냉매온도

$$t_c = 35 - \frac{3}{1 \times 0.25} = 23\,℃$$

(2) F점의 냉매가스온도

$$t_F = \frac{3}{1 \times 0.15} + (-15) = 5\,℃$$

23 냉동장치에서 응축압력이 낮아져 발생하는 경우가 있다. 어떤 이유로 문제가 발생하는지를 설명하시오.

해답 겨울철 또는 중간계절에 외기의 온·습도가 내려가면 응축온도가 내려가 압력이 낮아진다. 이때 냉동장치 운전조건이 변화가 없을 때는 팽창밸브 전후의 압력차가 감소하게 되므로 냉매순환량이 적어져서 냉동능력이 감소한다.

24 냉동장치의 설치 시 외형 중량 반입 경로에 근접하는 고압선 및 차량의 도로 규제 등 설치 시 현장검토 사항 2가지를 쓰시오.

해답 ① 반입 기기 리스트 체크
② 반입 경로
③ 보양(기기, 고압의 보양)
④ 수속, 유도, 감시(차량속도, 유도원 및 감시원의 배치)

25 냉방설비의 공정계획 및 현장 검토에서 냉방장치 종류 중 냉방방식 2가지를 쓰시오.

해답 ① 중앙방식
② 지역냉방
③ 빙축열 시스템
④ 시스템 에어컨
⑤ 개별식 냉방
⑥ GHP(Gas engine Heat Pump) 설비
⑦ EHP(Electric Heat Pump)

26 다음의 냉동기기와 관계가 깊은 것을 보기에서 찾아 번호를 (   ) 안에 써 넣으시오.

┌─ 보 기 ─┐
① 압축기와 응축기 사이에 설치　② 수액기
③ 냉매 충진　④ 온도 자동 팽창밸브
⑤ 흡수식 냉동기　⑥ 냉매의 역순환
⑦ 냉매 누설검사　⑧ 냉매의 한쪽 방향으로만 통과

(1) 발생기 (   )　　　(2) 유분리기 (   )
(3) 액면계 (   )　　　(4) 4방 밸브 (   )
(5) 체크 밸브 (   )　　(6) 감온통 (   )
(7) 할로겐 토치 (   )　(8) 게이지 매니폴드 (   )

해답 (1) 발생기 (⑤)　(2) 유분리기 (①)　(3) 액면계 (②)　(4) 4방 밸브 (⑥)
(5) 체크 밸브 (⑧)　(6) 감온통 (④)　(7) 할로겐 토치 (⑦)
(8) 게이지 매니폴드 (③)

27 R-22용 냉동장치의 운전상태가 다음의 몰리에르 선도와 같을 때 주어진 조건을 이용하여 이 장치의 냉동능력을 산출하시오. (단, 1RT=3.86kW이고 소수점 2자리까지 구한다.)

┌─┤ 조 건 ├─────────────────────────────┐

1. 피스톤 압출량(V_a) : 1000m³/h   2. 체적 효율(η_V) : 0.75
3. 압축효율(η_c) : 0.8   4. 기계효율(η_m) : 0.85

└──────────────────────────────────────┘

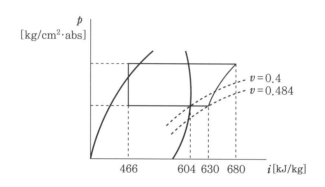

해답   냉동능력 $R = \dfrac{1000 \times (630-466)}{3.86 \times 3600 \times 0.484} = 24.384 \fallingdotseq 24.38 \text{RT}$

28 어느 냉장고 내에 100W 전등 20개와 2.2kW 송풍기(전동기 효율 0.85) 2기가 설치되어 있고, 전등은 1일 4시간 사용, 송풍기는 1일 18시간 사용된다고 할 때, 이들 기기(器機)의 냉동부하(kW)를 구하시오.

해답   냉동부하 $R = \left\{ \left(\dfrac{1000 \times 20}{1000} \times 4 \right) + \left(\dfrac{2.2}{0.85} \times 2 \times 18 \right) \right\} \times \dfrac{1}{24} = 4.215 \fallingdotseq 4.22 \text{kW}$

29 전열면적 13m³의 수랭응축기가 있다. 냉각수 입구온도 32℃, 냉각수 출구온도 37℃, 수량 220L/min일 때 응축온도는 몇 ℃인가? (단, 열통과율 K는 800kcal/m²·h·℃이고 열손실은 무시하며, 응축온도와 냉각수 평균온도차는 산술평균온도차를 이용한다.)

해답   응축온도 $t_c = \dfrac{G \cdot C \cdot \Delta t}{K \cdot F} + \dfrac{t_{w1} + t_{w2}}{2}$

$\qquad = \dfrac{220 \times 60 \times 1 \times (37-32)}{800 \times 13} + \dfrac{32+37}{2} = 40.846 \fallingdotseq 40.85\,℃$

30 다음 $p-h$ 선도와 같은 조건에서 운전되는 R−502 냉동장치가 있다. 이 장치의 축 동력이 7kW, 이론 피스톤 토출량(V)이 66m³/h, η_V=0.7일 때 냉매순환량을 구하 시오.

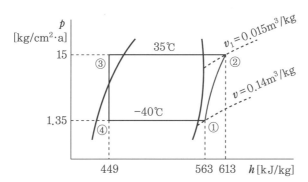

해답 $G = \dfrac{V}{v_1}\eta_V = \dfrac{66}{0.14} \times 0.7 = 330\,\text{kg/h}$

31 냉동장치의 설치공정계획에서 공사착공에 있어서 여러 가지 인허가나 작업을 추진 하기 위하여 각종 공정표를 작성하는 중요한 체크포인트 2가지를 쓰시오.

해답 ① 설비 공사 기본 공정표   ② 시공도 작성 예정표
③ 설비 공사 상세 공정표   ④ 기기재료, 발주제작 예정표 확인

32 냉동장치를 설치한 후 여러 가지 각종 검사에 합격을 한 후 실제 운전하기 전에 시 행하는 시운전 시 검토사항 2가지를 쓰시오.

해답 ① 냉수 및 냉각수 입출구 온도   ② 정격 부하 및 가변 부하 시험
③ 소음 상태 확인   ④ 자동제어와 연계성 확인

33 냉동장치 전 사이클 중에서 고압 측에 설치하는 부속기기 2가지를 쓰시오.

해답 ① 필터 드라이어   ② 사이드 글라스(투시경)
③ 전자밸브   ④ 팽창장치(팽창밸브)

34 냉방설비 설치하기의 냉방설비공정관리계획에서 설치현장 검토사항 중 제작사양에 대하여 2가지를 쓰시오.

해답 ① 용량 확인   ② 제작공정표   ③ 중간 검사
④ 반입 설치   ⑤ 시운전   ⑥ 준공 서류

필답형 예상문제

35 냉동장치의 운전상태 및 계산의 활용에 이용되는 몰리에르 선도($p-i$)의 구성요소의 명칭과 해당되는 단위를 번호에 맞게 기입하시오.

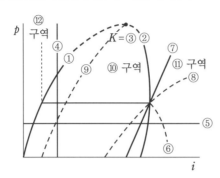

해답

번호	명칭	단위
(1) ④	등엔탈피선	kJ/kg
(2) ⑤	등압력선	MPa/abs
(3) ⑥	등온도선	℃
(4) ⑦	등엔트로피선	kJ/kg · K
(5) ⑧	등비체적선	m³/kg

36 액가스 열교환기(liquid-gas heat exchanger)를 설치한 R-12 냉동장치의 운전조건이 다음의 몰리에르 선도와 같을 때 냉동능력(RT)을 구하는 식과 답을 쓰시오. (단, 1RT=3.86kW이다.)

─┤ 조 건 ├─

1. 체적효율(η_V)=75%   2. 피스톤 압출량(V_a) : 330 m³/h   3. v_2=0.13m³/kg
4. v_1=0.14m³/mg   5. e → f 및 b → c의 과정은 열교환기의 출입구 지점이다.
6. 답은 소수점 2자리에서 반올림하시오.

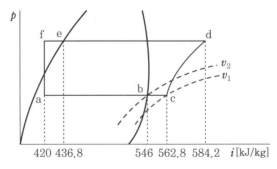

해답 $R=\dfrac{330\times(546-420)}{3.86\times3600\times0.14}\times0.75=16.029 \fallingdotseq 16.03\text{RT}$

필답형 예상문제

37 다음 그림은 소형 냉동장치에 사용되는 기기이다. 명칭을 쓰시오.

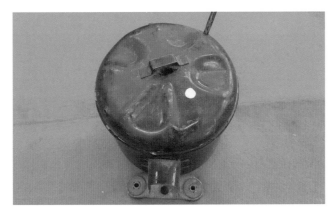

해답 왕복 밀폐형 압축기(reciprocating hermetric type compressor)
해설 압축기 주변에 액분리기나 유냉각 장치가 없는 것은 왕복 밀폐형 압축기이다.

38 다음 화면은 밀폐식 회전압축기이다. 압축기 흡입측에 부착된 기기 명칭을 쓰시오.

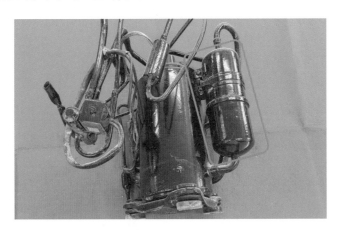

해답 액분리기(accumulator)
해설 회전압축기는 증발기에서 기화된 흡입가스가 압축기 내부로 직입되므로 액
압축을 방지하기 위하여 흡입측에 액분리기 또는 열교환기를 설치하여 흡입
액 냉매를 분리시켜서 압축기를 보호한다.

39 고속다기통 압축기에서 흡입밸브 및 토출밸브로 포핏 밸브(poppet valve)를 사용하거나 축봉장치에 축상형(stuffing box)을 사용할 때 초래되는 현상을 기술하시오.

해답 (1) 포핏 밸브를 사용할 경우
① 밸브의 중량이 무겁고, 작동이 경쾌하지 못하므로 급격한 실린더 내의 압력변화에 민감하게 작동하지 못하여 이상압력 상승 또는 이상압력 저하, 가스의 누설로 압축효율과 체적효율이 감소한다.
② 가스의 통과면적이 적어서 마찰저항에 의한 압력강하가 크게 된다.
③ 밸브 시트(valve seat) 및 밸브 플레이트(valve plate)가 받는 충격과 소음이 크며 소손의 위험이 있다.
(2) 축상형 축봉장치를 사용할 경우
① 고속회전에 의한 축(shaft)과 패킹(packing)과의 마찰이 커서 발열이 심하여 기계가 소손될 위험이 있다.
② 마찰에 대한 동력손실이 크며 패킹과 축의 마모도 크다.

40 다음 그림은 소형 냉동장치에 사용되는 기기이다. 명칭을 쓰시오.

해답 회전 밀폐형 압축기(rotary hermetic type compressor)
해설 압축기 주변에 유냉각 장치 또는 액분리기가 있는 것은 회전 밀폐형 압축기이다.

41 다음 그림에서 표시한 기기는 열펌프 방식에서 냉난방을 전환시키는 기기이다. 명칭을 쓰시오.

해답 4방 밸브(four-way valve or reversing valve)

해설 열펌프 장치는 하기절에 냉방운전하고 동절기에 난방운전을 위하여 냉매의 순환을 전환시키는 장치가 4방 밸브이다.

42 다음 화면은 왕복동식 압축기 피스톤 상부에 설치하여 체적효율을 증가시키는 장치이다. 기기 명칭을 쓰시오.

해답 압축링(compression ring)

해설 피스톤에는 상부와 하부에 링을 설치하는데 상부 링의 상부에 설치하는 것을 압축링이라고 하며, 오일링과의 차이점은 링 측면에 구멍이 없다.

43 다음 화면은 왕복식 압축기 피스톤 상부와 하부에 설치하여 피스톤과 실린더 사이의 기밀을 보장하기 위하여 설치하는 기기이다. (1) 명칭을 쓰고, (2) 상부와 하부에 설치하는 기기의 역할을 쓰시오.

해답 (1) 오일링(oil ring)

(2) ① 윤활링 : 상부 링 중에서 압축링 하부에 설치하여 실린더 벽에 윤활유를 공급하여 압축 시 기밀을 보장한다.

② 오일 제어링 : 피스톤 하부에 설치한 것으로 실린더 벽에 공급된 윤활유를 압축기 하부로 회수시킨다.

해설 오일링은 링 측면에 윤활유를 공급 또는 회수할 수 있는 홈과 구멍이 있다.

44 다음 화면의 기기 명칭은 무엇인가?

해답 밸브판(valve plate)

해설 왕복동식 압축기 피스톤 상부에 흡입·토출밸브를 설치하는 밸브판이다.

45 다음 그림은 실린더가 소형은 2개, 중·대형은 2~4개이고, 암모니아 냉매
인 경우 흡입·토출 밸브로는 포핏 밸브(poppet valve)를 사용하고 회전수가
350~550rpm이며, 프레온 냉매일 때는 플레이트 밸브(plate valve)를 사용하며
회전수가 450~700rpm 정도인 (1) 압축기의 명칭, (2) 압축기의 특징을 쓰시오.

필답형 예상문제

해답 (1) 중·저속 입형 압축기(vertical low speed compressor)
　　(2) 특징
　　　　① 체적효율이 비교적 크다.
　　　　② 윤활유의 소비량이 비교적 적다.
　　　　③ 구조가 간단하여 취급이 용이하다.
　　　　④ 부품의 수가 적고 수명이 길다.
　　　　⑤ 압축기의 전체높이가 높다(동일한 토출량일 때 피스톤의 행정이 커야
　　　　　된다).
　　　　⑥ 용량 제어나 자동운전이 고속 다기통 압축기에 비해 떨어진다.
　　　　⑦ 다량 생산이 어렵다.
　　　　⑧ 중량이나 가격면에서 고속 다기통보다 불리하다.

46 다음 그림은 입형 중·저속 압축이다. (1), (2)의 명칭을 쓰시오.

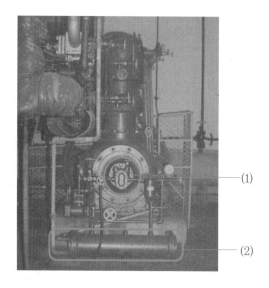

(1)

(2)

> 해답 (1) 오일펌프(oil pump)
> (2) 오일(유)냉각기(oil cooling)

47 다음 압축기 하부에 표시한 계측기 명칭을 쓰고 레벨을 설명하시오.

> 해답 (1) 유면계(oil level gauge)
> (2) 유면 레벨
> ① 운전 중 유면은 유면계의 $\frac{1}{2}$
> ② 운전 정지 시 유면은 유면계의 $\frac{2}{3}$

48 다음 그림은 왕복동 압축기의 부품이다. 명칭을 쓰시오.

해답 연결봉(connecting rod)

49 다음 그림은 고속 다기통 압축기 헤드에 설치하여 액압축 시 압축기를 보호하는 기기이다. 명칭을 쓰시오.

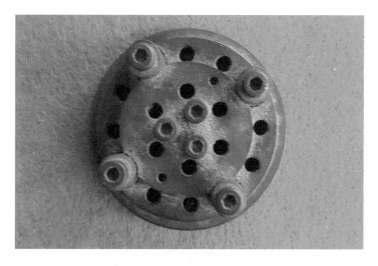

해답 안전두

해설 (1) 안전두(safety head) : 흡입가스 중에 액냉매가 함유되어 압축하면 액은 비압축성이므로 큰 힘이 작용하여 압축기 상부가 파손될 우려가 있다. 이것을 방지하기 위하여 밸브판 상부에 스프링을 설치하여 액압축시에 스프링이 들려 압축기 파손을 방지하는 보호장치(내장형 안전밸브)이며, 작동이 되면 냉매가스는 압축기 흡입 측으로 분출된다.

(2) 작동압력 = 정상고압 + 2~3 kg/cm^2

50 다음 그림 A, B는 고속 다기통 압축 무부하 경감장치이다. 그림의 표시된 부분을 판별하여 부하 상태와 무부하 상태를 판단하시오.

그림 A   그림 B

해답 (1) 그림 A : 언로더 장치(unloader device) 부하 상태
(2) 그림 B : 언로더 장치(unloader device) 무부하 상태

해설 (1) 그림 B는 상부 그림이 압상 핀이 실린더 외곽으로 노출되어 흡입밸브를 강제 개방하는 상태이므로 무부하 상태이다.
(2) 그림 A는 상부 그림이 압상 핀이 노출되지 않았고, 하부 캡링의 홈부분에 압상 핀이 내려간 부분이므로 흡입밸브가 동작하는 부하 상태이다.

51 다음 그림은 전동기의 동력을 압축기로 전달하는 장치이다. 명칭을 쓰시오.

해답 풀리(pulley)

52 다음 그림은 고속 다기통 압축기의 부품이다. 명칭을 쓰시오.

해답 실린더(cylinder)
해설 고속 다기통 압축기에서 무부하 경감장치가 설치된 실린더이다.

53 다음 그림은 NH₃ 고속 다기통 압축기의 외형이다. 지시한 (1), (2), (3)의 명칭을 쓰시오.

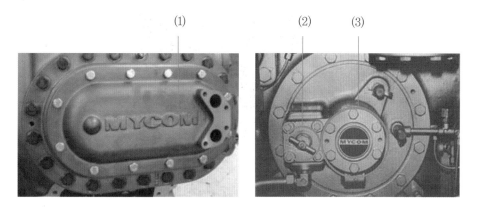

해답 (1) 헤드 커버(head cover)
(2) 오일 펌프(oil pump)와 큐노필터
(3) 메인 베어링 헤드(main bearing head)

참고 (2)에서 각 형의 몸통은 오일 펌프이고 핸들 부분은 오일여과기(큐노필터)이다.

54 다음 그림은 NH₃ 고속 다기통 압축기이다. 표시된 부품의 명칭을 쓰시오.

냉각수 배관

해답 유냉각 장치(oil cooler)

해설 NH₃ 장치는 비열비가 1.31로 높은 편이므로 토출가스 온도가 높고 실린더가 과열되고, 윤활유가 변질되므로 water jacket을 설치하여 냉각수로 실린더를 냉각시키고 유냉각 장치로 윤활유를 40℃ 이하로 냉각시킨다.

55 다음 그림은 고속 다기통 압축기 헤드 커버 내부의 밸브판에 설치된 부품이다. 명칭은 무엇인가?

해답 토출밸브 에세이(discharge valve ASSY)

56 다음 그림은 고속 다기통 압축기의 부품이다. 각 번호의 명칭을 쓰시오.

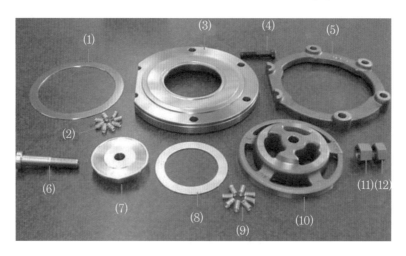

해답 (1) suction plate valve(흡입밸브)

(2) suction plate valve spring(밸브 스프링)

(3) valve plate(밸브판)

(4) discharge valve cage guide bolt(가이드 밸브)

(5) discharge valve cage guide

(6) discharge valve seat bolt

(7) discharge valve seat

(8) discharge plate valve(토출밸브)

(9) discharge plate valve spring(밸브 스프링)

(10) discharge valve cage

(11) discharge valve seat nut(NO. 1)

(12) discharge valve seat nut(NO. 2)

57 다음 그림은 고속 다기통 압축기 무부하 경감장치 부품이다. 각 번호의 명칭을 쓰시오.

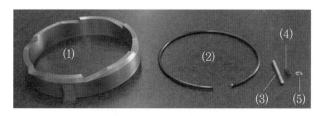

해답 (1) unloader cam ring (캠링)　　(2) retaining ring
　　 (3) lift pin　　　　　　　　　　(4) lift pin spring
　　 (5) lift pin stop ring

58 다음 냉동기의 명칭을 쓰고, 장·단점을 설명하시오.

해답 (1) 고속 다기통 압축기 (high speed muticylinder compressor)
　　 (2) ① 장점
　　　　㉮ 안전두가 있어서 액 압축 시 소손을 방지한다.
　　　　㉯ 냉동능력에 비하여 소형이고 경량이며 진동이 적고 설치면적이 작다.
　　　　㉰ 부품 교환이 용이하고 정비 보수가 간단하다.
　　　　㉱ 무부하 경감 (unload) 장치로 단계적인 용량 제어가 되며 기동 시 무부하 기동으로 자동운전이 가능하다.
　　　② 단점
　　　　㉮ 소음이 커서 이상음 발견이 어렵다.
　　　　㉯ 톱 클리어런스 (top clearance)가 커서 체적효율이 나쁘고 고속이므로 흡입밸브의 저항 때문에 고진공이 잘 안 된다.
　　　　㉰ 압축비 증가에 따른 체적효율 감소가 많아지며 냉동능력이 감소하고 동력 손실이 커진다.
　　　　㉱ NH_3 압축기에서 냉각이 불충분하면 oil이 탄화 또는 열화되기 쉽다.
　　　　㉲ 마찰부에서의 활동속도, 베어링 하중이 커서 마모가 빠르다.
　　　　㉳ 이상운전 상태를 신속하게 파악하여 조치하는 안전장치가 필요하다.

필답형 예상문제

59 다음 냉동기의 (1) 명칭, (2) 장점, (3) 단점, (4) 용량 제어 방법을 쓰시오.

해답 (1) 스크루 압축기 (screw compressor)

(2) 장점

① 진동이 없으므로 견고한 기초가 필요 없다.

② 소형이고 가볍다.

③ 무단계 용량 제어(10~100%)가 가능하며 자동운전에 적합하다.

④ 액압축(liquid hammer) 및 오일 해머링(oil hammering)이 적다(NH_3 자동운전에 적격이다).

⑤ 흡입 토출밸브와 피스톤이 없어 장시간의 연속 운전이 가능하다(흡입 토출밸브 대신 역류방지밸브를 설치한다).

⑥ 부품 수가 적고 수명이 길다.

(3) 단점

① 오일 회수기 및 유냉각기가 크다.

② 오일펌프를 따로 설치한다.

③ 경부하 기동력이 크다.

④ 소음이 비교적 크고 설치시에 정밀도가 요구된다.

⑤ 정비 보수에 고도의 기술력이 요구된다.

⑥ 압축기의 회전방향이 정회전이어야 한다(1000 rpm 이상인 고속회전).

(4) 용량 제어 방법

① 슬라이드 밸브 제어(10~100%) : 무단계 용량 제어

② 회전수 제어 : 회전수 변화에 대한 진동 등이 없음

③ on · off 제어

④ by pass 제어법

60 다음은 압축기의 단면을 나타낸 것이다. 물음에 답하시오.

(1) 압축기의 명칭을 쓰시오.

(2) 장점을 쓰시오.

(3) 단점을 쓰시오.

해답 (1) 나사압축기(screw compressor)

(2) 장점

① 진동이 없으므로 견고한 기초가 필요 없다.

② 소형이고 가볍다.

③ 무단계 용량 제어(10~100%)가 가능하며 자동운전에 적합하다.

④ 액압축(liquid hammer) 및 오일 해머링(oil hammering)이 적다(NH_3 자동운전에 적격이다).

⑤ 흡입 토출밸브와 피스톤이 없어 장시간의 연속 운전이 가능하다(흡입 토출밸브 대신 역류방지밸브를 설치한다).

⑥ 부품 수가 적고 수명이 길다.

(3) 단점

① 오일 회수기 및 유냉각기가 크다.

② 오일펌프를 따로 설치한다.

③ 경부하 기동력이 크다.

④ 소음이 비교적 크고 설치시에 정밀도가 요구된다.

⑤ 정비 보수에 고도의 기술력이 요구된다.

⑥ 압축기의 회전방향이 정회전이어야 한다(1000rpm 이상인 고속회전).

61 다음 압축기를 보고 물음에 답하시오.

(1) 이 압축기의 명칭을 쓰시오.

(2) 이 압축기의 특징 4가지를 쓰시오.

(3) 이 압축기에서 행정거리를 반으로 줄였을 경우 피스톤 압출량 변화는 어떻게 되겠는가?

(4) 압축기 실린더에서 이상음 발생원인 4가지를 쓰시오.

해답 (1) 입형 저속 압축기

(2) 특징

① 용적형으로 고압이 쉽게 형성된다.

② 오일윤활식, 무급유식이다.

③ 용량 조정 범위가 넓고, 압축효율이 높다.

④ 압축이 단속적이므로 진동이 크고 소음이 크다.

⑤ 배출가스 중 오일이 혼입될 우려가 있다.

(3) 1/2로 감소

(4) 이상음 발생원인

① 실린더와 피스톤이 닿는다.

② 피스톤링이 마모되었다.

③ 실린더 내에 액해머가 발생하고 있다.

④ 실린더에 이물질이 혼입되고 있다.

⑤ 실린더 라이너에 편감 또는 홈이 있다.

해설 왕복동식 압축기 용량 제어

(1) 용량 제어의 목적

① 냉장 · 냉동실 온도 균형 유지

② 압축기 보호

③ 소요 동력의 절감

④ 경부하 기동

(2) 연속적인 용량 제어법

① 흡입 주밸브를 폐쇄하는 방법

② 타임드 밸브 제어에 의한 방법

③ 회전수를 변경하는 방법

④ 바이패스 밸브에 의한 방법

(3) 단계적인 용량 제어법

① 클리어런스 밸브에 의한 조정

② 흡입 밸브 개방에 의한 방법

62 **부르동관(bourdon tube) 압력계에 대한 물음에 답하시오.**

(1) 부르동관의 재질을 저압용과 고압용으로 구분하여 쓰시오.

(2) 고압가스 설비에 사용되는 압력계의 최고 눈금 범위 기준은?

(3) 탄성 압력계의 종류 4가지를 쓰시오.

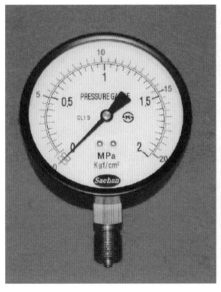 

해답 (1) ① 저압용 : 황동, 인청동, 청동

② 고압용 : 니켈강, 스테인리스강

(2) 상용압력의 1.5~2배 이내

(3) ① 부르동관식 ② 벨로스식 ③ 다이어프램식 ④ 캡슐식

63 고압가스를 압축하는 다단압축기에 대한 물음에 답하시오.

(1) 다단압축을 하는 목적 4가지를 쓰시오.

(2) 단수 결정 시 고려할 사항 4가지를 쓰시오.

(3) 압축비 증대 시 영향 4가지를 쓰시오.

해답 (1) 다단압축의 목적

　① 1단 단열압축과 비교하여 일량의 분배로 감소시킨다.

　② 이용효율의 증가(체적, 압축, 기계)

　③ 힘의 평형이 좋아진다.

　④ 토출가스의 온도 상승을 피할 수 있다.

(2) 단수 결정 시 고려할 사항

　① 최종의 토출압력　　② 냉매순환량　　③ 냉매의 종류

　④ 연속 운전의 여부　　⑤ 동력 및 제작의 경제성

(3) 압축비 증대 시 영향

　① 단위 능력당 소요동력이 증대한다.

　② 토출가스 온도가 상승한다.

　③ 체적효율이 저하한다.

　④ 냉매순환량이 감소한다.

　⑤ 냉동능력이 감소한다.

　⑥ 실린더가 과열된다.

　⑦ 윤활유 열화 및 탄화된다.

　⑧ 윤활부품(습동부품) 마모 및 파손된다.

　⑨ 축수하중이 증대한다.

64 원심압축기에 대한 물음에 답하시오.

(1) 장점을 쓰시오.
(2) 단점을 쓰시오.
(3) 용량 제어 방법을 쓰시오.

해답 (1) 장점

① 회전운동이므로 진동 및 소음이 없다.

② 마찰부분이 없으므로 마모로 인한 기계적 성능저하나 고장이 적다.

③ 장치가 유닛(unit)으로 되어 있기 때문에 설치면적이 작다.

④ 자동운전이 용이하며 정밀한 용량 제어를 할 수 있다.

⑤ 왕복동의 최대용량은 150RT 정도이지만, 일반적으로 터보 냉동기는 최저용량이 150RT 이상이다.

⑥ 흡입 토출밸브가 없고 압축이 연속적이다.

(2) 단점

① 고속회전이므로 윤활에 민감하다 (4000~6000 rpm, 특수한 경우 12000 rpm이다).

② 윤활유 부분에 오일 히터(oil heater)를 설치하여 정지시 항상 통전시키며, 윤활유 온도를 평균 55℃ (50~60℃)로 유지시켜서 오일 포밍(oil foaming)을 방지한다.

③ 0℃ 이하의 저온에는 거의 사용하지 못하며 냉방 전용이다.

④ 압축비가 결정된 상태에서 운전되고 운전 중 압축비 변화가 없다.

(3) 용량 제어 방법

① 흡입 베인 제어 (30~100%) ② 회전수 제어 (20~100%)

③ diffuser 제어　　　　　　　④ 바이패스 제어 (30~100%)

⑤ 흡입 댐퍼 제어

65 증기 압축식 냉동기에 압축기의 기계적 일 대신 가열에 의하여 압력을 높여 주기 위하여 흡수기와 가열기가 있으며, 저온에서 용해되고 고온에서 분리되는 두 물질을 이용하여 열에너지를 압력에너지로 전환하는 방법의 흡수식 냉동장치이다. 사용냉매와 흡수제를 쓰시오.

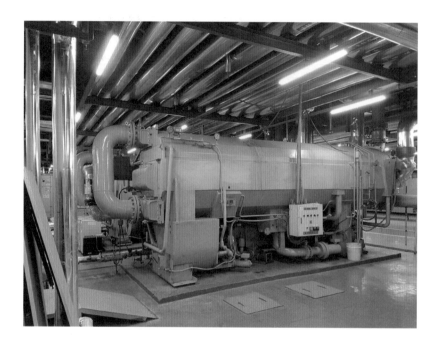

해답 흡수식 냉동법

냉매	흡수제
암모니아 (NH_3)	물 (H_2O)
암모니아 (NH_3)	로단암모니아 (NH_4CHS)
물 (H_2O)	황산 (H_2SO_4)
물 (H_2O)	가성칼리 (KOH) 또는 가성소다 (NaOH)
물 (H_2O)	리튬브로마이드 (LiBr) 또는 염화리튬 (LiCl)
염화에틸 (C_2H_5Cl)	4클로르에탄 ($C_2H_2Cl_4$)
트리올 (C_7H_8) 또는 펜탄 (C_5H_{12})	파라핀유 (油)
메탄올 (CH_3OH)	리튬브로마이드 메탄올용액 ($LiBr + CH_3OH$)
R-21 ($CHFCl_2$) 메틸클로라이드 (CH_2Cl_2)	4에틸글리콜 2메틸에테르 ($CH_3-O-(CH_2)_4-O-CH_3$)

66 다음 그림은 왕복동 압축기의 부품이다. (1), (2)의 명칭을 쓰시오.

해답 (1) 연결봉(connecting)
(2) 실린더(cylinder)

67 다음 표시된 부분은 흡수 냉동 장치에서 각종 압력 시험과 운전 중 침입되는 공기를 배출시키는 장치이다. 기기 명칭은 무엇인가?

해답 추기 회수 장치
해설 흡수식 냉동장치 운전 중 발생되는 불응축 가스를 배출시키는 장치로 공기는 대기 중에 방출하고 분리된 냉매는 증발기로 회수시킨다.

68 고압 터보(2단 터보(turbo)) 냉동기에 사용되는 이코노마이저(economizer)의 역할을 설명하시오.

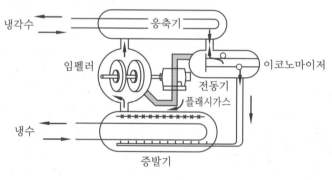

원심식 냉동 사이클

해답 원심력을 이용한 터보 냉동기에서는 임펠러(imperller)의 고속 회전의 한계로 높은 압축비까지 얻을 수 없는 경우에 2단 압축방식을 채용하게 되는데 1단 팽창 시에 발생하는 플래시가스(flash gas)를 직접 1단 압축기의 토출가스와 함께 2단 압축기의 임펠러로 유출시킴으로써 증발기에서의 전열을 양호하게 하여 냉동효과를 증대시킨다.

69 입형의 원통(지름 660~910mm, 유효길이 4800mm) 상하 경판에 바깥지름 50mm 인 다수의 냉각관을 설치한 것으로, 상단에 수조가 설치되어 있고 배관 내에는 물이 고르게 흐르게 하기 위하여 소용돌이를 일으키는 주철제 물 분배기를 설치한 구조이다. 물음에 답하시오.

(1) 기기 명칭을 쓰시오.

(2) 특징을 쓰시오.

해답 (1) 기기 명칭 : 입형 셸 앤드 튜브식 응축기(vertical shell and tube condenser)

(2) 특징

① 소형 경량으로 설치장소가 좁아도 되며 옥외에 설치가 용이하다.

② 전열이 양호하며 냉각관 청소가 가능하다(운전 중 청소가 가능하다).

③ 가격이 저렴하고 과부하에 견딘다.

④ 주로 대형의 암모니아 냉동기에 사용된다.

⑤ 냉매가스와 냉각수가 평행류로 되어 냉각수가 많이 필요하고 과냉각이 잘 안 된다.

⑥ 냉각관이 부식되기 쉽다.

⑦ 전열계수(열통과율) $750 \text{kcal/m}^2 \cdot \text{h} \cdot ℃$, 냉각(전열)면적 $1.2 \text{m}^2/$ RT, 냉각수량 $20 \text{L/min} \cdot \text{RT}$이다.

70 암모니아 또는 프레온 장치의 소형에서 대용량까지 광범위하게 사용되는 수랭식의 응축기이다. 다음 물음에 답하시오.

(1) 응축기의 명칭은 무엇인가?

(2) 전열계수(열통과율)는 몇 kcal/m^2·h·℃인가?

(3) 1 RT당 냉각(전열) 면적은 몇 m^{2}인가?

(4) 1 RT당 분당 냉각수 순환 수량은 몇 L/min인가?

해답 (1) 횡형 셸 앤드 튜브식 응축기 (horizontal shell & tube condenser)

(2) 900 kcal/m^2·h·℃

(3) 0.8∼0.9 m^2/RT

(4) 12 L/min·RT

71 수랭식 응축기와 공랭식 응축기의 작용을 혼합한 것이다. 냉매가 흐르는 관에 노즐을 이용해 물을 분무시키고 상부에 있는 송풍기로 공기를 보내면 관 표면에서 물의 증발열에 의해서 냉매가 액화되고, 분무된 물은 아래에 있는 수조로 모여 순환펌프에 의해 다시 분무용 노즐로 보내지므로 물 소비량이 적고 다른 수랭식에 비하여 3~4% 냉각수를 순환시키면 된다. 주로 소·중형 냉동장치(10~150RT)가 사용되며 겨울철에는 공랭식으로 사용할 수 있으며, 실내·외 어디든지 설치가 가능한 응축기이다. 다음 물음에 답하시오.

(1) 응축기의 명칭을 쓰시오.

(2) 특징을 쓰시오.

해답 (1) 증발식 응축기(evaporative condenser)

　　(2) 특징

　　　① 전열작용은 공랭식보다 양호하지만 타 수랭식보다 좋지 않다.

　　　② 냉각수를 재사용하여 물의 증발잠열을 이용하므로 소비량이 적다.

　　　③ 응축기 내부의 압력강하가 크고 소비동력이 크다.

　　　④ 사용되는 응축기 중에서 응축압력(응축온도)이 제일 높다.

　　　⑤ 냉각탑(cooling tower)을 사용하는 경우에 비하여 설치비가 싸게 드나 고압측의 냉매 배관이 길어진다.

　　　⑥ 전열계수가 나관의 경우 $300\,\mathrm{kcal/m^2 \cdot h \cdot ℃}$이고 냉각공기량이 $7.5\sim8\,\mathrm{m^3/min \cdot RT}$일 때 전열면적이 $2.2\,\mathrm{m^2/RT}$이며 풍속은 $3\mathrm{m/s}$ 정도이다.

72 공기는 물에 비해 전열이 대단히 불량하여 소형(1/8 마력)은 대개 자연대류에 의해 통풍을 한다. 냉각관을 핀 튜브관으로 하여 자연대류를 시키면 관을 수평으로 하였을 경우 전열계수는 약 5 kcal/m²·h·℃ 정도이며, 관을 수직으로 하면 약 3 kcal/m²·h·℃로 감소한다. 대개 1/8 마력 이상은 강제 대류식이고, 이때의 전열계수는 20~25 kcal/m²·h·℃이며 그림 A는 자연 대류식이고, 그림 B는 강제 대류식이다. 다음 물음에 답하시오.

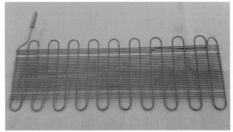

공랭식 응축기(자연 대류식)
그림 A

공랭식 응축기(강제 대류식)
그림 B

(1) 자연 대류식일 때 응축온도는 응축기 입구 공기온도(건구온도)보다 몇 ℃ 높은가?

(2) 강제 대류식일 때 응축온도는 응축기 입구(건구온도) 보다 몇 ℃ 높은가?

(3) 공랭식 응축기의 특징을 쓰시오.

해답 (1) 공기의 건구온도보다 18~20℃ 높다.

(2) 공기의 건구온도보다 15~17℃ 높다.

(3) 특징

① 보통 2~3 HP 이하의 소형 냉동장치의 아황산, 염화메틸, 프레온 등에 사용된다.

② 냉수 배관이 곤란하고 냉각수가 없는 곳에 사용한다.

③ 배관 및 배수설비가 불필요하다.

④ 공기의 전열작용이 불량하므로 응축온도와 압력이 높아 형상이 커진다.

⑤ 전열계수는 20 kcal/m²·h·℃이고 냉각면적은 5 m²/RT이며, 풍량은 3.5~ 4.5 m³/min·RT, 풍속은 3 m/s이다.

해설 응축온도는 공기의 건구온도보다 수랭식일 때는 10~15℃ 높고, 공랭식일 때는 15~20℃ 높다.

73 냉동기의 오일 펌프(oil pump)로 기어 펌프(gear pump)를 주로 사용하고 있는 (1) 이점은 무엇인지 기술하고, (2) 오일 펌프의 종류를 쓰시오.

필답형 예상문제

해답 (1) ① 유체의 저항이 적다.
    ② 저속으로도 일정한 압력을 유지할 수 있다.
    ③ 소형으로도 높은 압력을 얻을 수 있다.
    ④ 구조가 간단하다.
  (2) 오일 펌프의 종류
    ① 로터리 펌프(rotary pump)
    ② 기어 펌프(gear pump)
    ③ 플러그 펌프(plug pump)

74 온도식 자동 팽창밸브(T. E. V)의 개·폐에 작용하는 압력으로 3가지를 기술하고 개(열림)와 폐(닫힘)를 기입하시오.

온도식 자동 팽창밸브(외부 균압형)

해답 (1) 감온통 내에 봉입된 가스의 포화압력 : 개(열림)
  (2) 증발기 내의 증발압력 : 폐(닫힘)
  (3) 과열도 조정의 스프링 압력 : 폐(닫힘)

75 냉각수 펌프에 대한 취급에서 다음의 사항별로 기술하시오.

(1) 운전에 앞서 점검 및 유의해야 할 사항

(2) 기동 방법

(3) 운전 중의 점검사항

(4) 정지 방법

해답 (1) 흡수관 하부에 헤드밸브가 설치된 경우에는 펌프 상부의 에어벤트 볼 밸브를 열고 물을 부어넣어 관 내의 공기를 방출시키고 에어벤트까지 물을 충만시켜야 한다.

(2) 토출밸브를 닫은 상태에서 펌프를 기동한 후 토출밸브를 연다.

(3) ① 회전음향에 유의한다.

② 축봉부의 패킹(packing)을 점검한다.

③ 양정 및 송수량을 점검한다.

(4) 토출밸브를 닫고 펌프의 전원을 차단한다.

76 다음은 프레온 냉동장치에 사용되는 냉매 누설검지기이다. 명칭을 쓰시오.

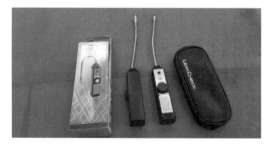

해답 냉매 전자 누설검지기 (automatic halogen leak detector)

77 냉각탑(cooling tower)에 대한 다음 물음에 간단히 답하시오.

냉각탑

(1) 냉각탑의 능력을 좌우하는 쿨링레인지(cooling range)와 쿨링어프로치(cooling approach)에 대한 용어 설명을 하시오.

(2) 입구공기의 습구온도가 동일한 조건인 두 대의 냉각탑에서 쿨링어프로치가 큰 쪽의 성능에 대한 우열의 비교와 그 이유를 설명하시오.

(3) 냉각탑의 능력을 산출하는 식(단위 기입)을 쓰시오.

(4) 냉각탑의 설치시에 유의해야 할 사항을 쓰시오.

(5) 1 냉각톤의 정의를 쓰시오.

해답 (1) ① 쿨링레인지 : 냉각탑의 입구수온과 출구수온과의 온도 차이

② 쿨링어프로치 : 냉각탑의 출구수온과 입구공기의 습구온도와의 차이

(2) ① 쿨링어프로치가 큰 쪽의 성능이 저하(불량)한다.

② 이유 : 냉각탑의 능력은 입구공기의 습구온도에 밀접한 영향을 받으며 위의 조건이 동일한 경우일 때 쿨링어프로치가 크다는 것은 냉각탑에서 냉각되어 나오는 출구수온이 그만큼 높은 상태로 응축기에 송수되므로 냉각탑의 냉각능력은 저하(불량)함을 뜻한다.

(3) 냉각탑의 능력(kcal/h)

= 냉각탑의 순환수량(L/min) × 60 × (입구수온 − 출구수온 : ℃)

= 순환수량(L/h) × (입구수온 − 출구수온 : ℃)

= 순환수량(L/min) × 60 × 쿨링레인지

(※ 3가지 모두 동일한 계산식임)

(4) 설치 시 유의 사항

① 보급수가 용이한 위치를 택하고, 펌프의 흡입관은 물통(수조)보다 낮게 한다.

② 배기(취출공기)를 다시 흡입하지 않도록 한다.

③ 옥내에 설치할 경우에는 건물벽에 공기도입구 및 취출공기(배기)의 덕트를 설치한다.

④ 굴뚝의 연기를 흡입하지 않도록 굴뚝 상부와의 거리는 멀리한다.

⑤ 2대 이상의 냉각탑을 설치할 경우에는 상호 2 m 이상의 간격을 유지한다.

⑥ 냉각탑에서 비산되는 물방울에 의한 주의 환경을 고려한다.

⑦ 소음방지를 위한 대책을 강구한다.

⑧ 보수 점검을 위한 충분한 주위 공간을 확보한다.

(5) 냉각탑의 입구수온 37℃, 출구수온 32℃, 대기습구온도 27℃, 순환수량 13L/min 일 때의 방열량

$$1 \text{ 냉각톤} = (13 \times 60) \times 1 \times (37 - 32) = 3900 \text{ kcal/h}$$

78 다음 그림은 수동 팽창밸브이다. 특징을 설명하여라.

해답 ① 구형 밸브라고 하며 암모니아 냉동장치에 사용한다.

② 일반 스톱밸브와 구조가 비슷하다.

③ 대형장치, 제빙장치에 사용한다.

④ 자동 팽창밸브의 bypass valve로 사용한다.

79 온도식 자동 팽창밸브의 감온통의 부착위치는 흡입관의 관경과 감온통의 감도를 정확히 측정하기 위해 흡입관상에서의 부착위치를 다르게 하고 있다. 그 경우에 대하여 크게 3가지로 구분하여 기술하시오.

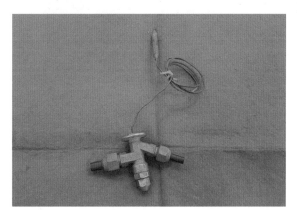

온도식 자동 팽창밸브(내부 균압형)

해답 (1) 흡입관 지름이 7/8인치 (20 mm) 이하의 경우 : 흡입관 상부에 밀착하여 부착한다.

(2) 흡입관 지름이 7/8인치 이상의 경우 : 흡입관의 수평에서 아래쪽으로 45° 위치에 밀착하여 부착한다.

(3) 흡입관 지름이 굵거나 (2인치 이상) 외기의 온도 영향을 받을 경우 : 흡입관 내에 삽입 포켓(pocket)을 설치한 후 삽입하여 설치한다.

해설 (1)의 관계

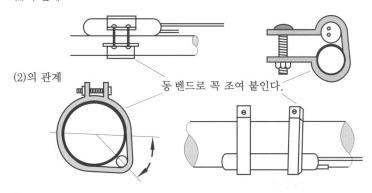

(2)의 관계

동 벤드로 꼭 조여 붙인다.

(3)의 관계

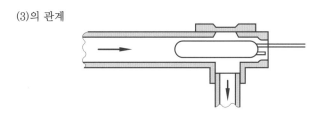

80 수액기의 액면계(gage glass)가 파손되는 요인을 쓰시오.

액면계
(liquid indicator)

해답 (1) 외부의 충격
(2) 무리한 조임에 의한 힘의 불균형
(3) 운전 중의 압력 변화
(4) 냉매 과충전

81 다음 그림은 식품을 장기 보존하기 위해 신선도가 높은 상태로 냉장고에 보관하기 위한 선처리장치이다. 명칭을 쓰시오.

해답 급속 동결장치(콘택트 프리지어 ; quick freezing)

해설 식품을 신선도가 높게 장기 보존하는 방법으로는 급속 동결, 급속 동결실, 급속 동결장치 등이 있고 최근에는 다량의 식품을 동결시키는 방법으로 프로필렌글리콜이라는 브라인에 접촉시키는 방법도 있다.

82 다음 도면은 수액기의 용접 이음부를 점선으로 표시한 것이다. 보안상 시정해야 할 사항을 지적하여 바르게 기술하시오.

수액기
(liquid receiver)

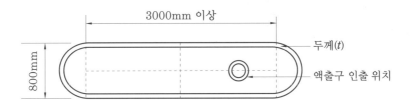

3000mm 이상

800mm

두께(t)

액출구 인출 위치

해답 (1) 길이 방향의 용접이음은 일직선으로 해서는 안 된다. 용기의 내압 강도에 중복되는 취약성이 가중된다.

(2) 액출구의 인출 위치를 용접이음부 선상에 설치해서는 안 되며, 용접이음부 이외의 곳을 선정해야 한다. 강도가 약한 용접부에 출구를 설치하는 것은 더욱 강도의 취약성을 가중시킨다.

(3) 원둘레 방향의 용접이음부와 중심으로 인접되는 길이 방향의 용접이음은 용기 두께(t)의 10배 이상의 간격을 유지해야 한다.

참고

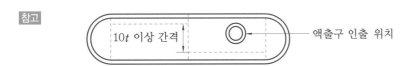

$10t$ 이상 간격

액출구 인출 위치

83 공기 냉각용 증발기와 액체 냉각용 증발기로 구별하여 구조상의 종류를 기입하시오.

건식 증발기

핀 코일 증발기

판상형 증발기

해답 (1) 공기 냉각용 증발기

　① 관 코일식(bare pipe type)

　② 핀 튜브식(fin tube type)

　③ 판형(plate type)

　④ 캐스케이드(cascade)

　⑤ 멀티피드 멀티섹션(multi feed multi suction)

(2) 액체 냉각용 증발기

　① 만액식 셸 앤 튜브식

　② 건식 셸 앤 튜브식

　③ 탱크형(헤링본형 및 슈퍼 플라디드형)

　④ 셸 앤 코일형

　⑤ 보데로트(baudelot)

84 다음 그림은 액순환식 증발기에 부착된 액펌프(liquid pump)이다. 액순환식 증발기의 특징을 열거하시오.

해답 ① 타 증발기에서 증발하는 액화 냉매량의 5~7배의 액을 펌프로 강제로 냉각관을 흐르게 하는 방법이다.
② 냉각관 출구에서는 대체로 중량으로 80%의 액이 있다.
③ 건식 증발기와 비교하면 20% 이상 전열이 양호하다.
④ 한 개의 팽창밸브로 여러 대의 증발기를 사용할 수 있다.
⑤ 저압 수액기 액면과 펌프와의 사이에 1~2 m의 낙차를 둔다 (실제 1.2~1.6 m).
⑥ 구조가 복잡하고 시설비가 많이 드는 결점이 있다.
⑦ 소형장치는 경제적 기술적 측면에서 설치가 불가능하다.
⑧ 고압가스 제상의 자동화가 용이하다.

85 냉장, 냉동실에 설치하여 일정한 장소에서 공기를 냉각하여 덕트를 통하여 저온 창고에 fan으로 강제로 차가운 공기를 덕트로 통하여 수송하는 장치이다. 화면에 표시된 부분의 명칭을 쓰시오.

— 덕트

해답 유닛 쿨러

86 냉동장치에 설치하는 유분리기(oil separator)에 대하여 다음의 물음에 답하시오.

(1) 유분리기의 설치 목적을 쓰시오.

(2) 프레온 냉동장치에서도 유분리기를 설치할 경우를 쓰시오.

(3) 설치 위치를 NH_3 및 프레온 장치별로 구분하시오.

(4) 윤활유의 분리방법에 따른 유분리기의 종류를 쓰시오.

유분리기

해답 (1) 냉동장치의 운전 중에 장치 내로 유출된 윤활유는 배관 응축기, 수액기, 증발기, 열교환기 등에서 유막 및 유층을 형성하여 전열을 불량하게 하고, 응축압력의 상승, 냉동능력을 감소시키는 영향을 초래하기 때문에 사전에 윤활유를 분리 회수하고자 함이다.

(2) ① 증발기를 만액식으로 사용하는 장치

② 저온용의 냉동장치

③ 운전 중 다량의 윤활유가 장치 내로 유출되는 장치

④ 토출배관이 길어지는 장치

(3) ① NH_3장치의 경우 : 토출배관의 3/4 위치 중 응축기 가까운쪽

② 프레온장치의 경우 : 토출배관의 1/4 위치 중 압축기 가까운쪽

(4) ① 원심분리형

② 가스충돌 분리형

③ 유속 감소 분리형

참고 (1) 프레온 장치에서는 냉매와 윤활유의 용해성이 양호하여 대부분의 윤활유는 냉매와 함께 압축기로 회수되기 때문에 일반적으로 유분리기를 설치하지 않으나 답의 경우처럼, 다량의 냉매와 윤활유가 용해된 채 체류하고 있는 만액식 증발기를 사용하거나, 증발온도가 저온으로 유지되는 장치에서 윤활유가 임계용해온도에 도달하면 오히려 분리되어 압축기로 회수되지 않으므로 설치해야 한다.

(2) 토출가스의 온도 영향에 위해서 윤활유의 점도가 저하하면 유분리기에서 분리되기 어렵기 때문에 NH_3 경우는 응축기 가까운 쪽이 이상적이나, 프레온 경우는 토출가스의 온도 영향이 적은 반면에 응축기 가까운 쪽에 설치하면 응축기의 영향으로 유분리기 내의 토출가스가 오히려 응축액화될 우려가 있으므로 압축기 가까운쪽에 설치하고 있다.

(3) 유분리기 내에서의 유속은 1m/s 정도로 감속시켜서 분리시키고 있다. (일반적인 냉매가스의 유속은 3.5~6m/s 정도 유지함이 이상적이다.)

87 다음 화면은 NH_3 냉동장치에서 유분리기에서 분리된 oil을 회수하기 위해 설치된 유류기(oil reservior)이다. 회수한 oil과 냉매를 처리하는 방법을 열거하시오.

해답 ① 유류기 내부를 저압으로 전환시키고, 냉매는 기화시켜 압축기로 회수한다.
② 저압이된 oil은 대기 방출(수조에 방출)시킨다.

해설 NH_3 장치는 비열비가 커서 실린더가 과열되고 토출가스 온도가 높으므로 윤활유가 열화 또는 탄화되므로 분리된 oil은 재사용할 수가 없다.

88 다음 화면은 냉동장치의 기밀(누설)시험, 진공시험, 냉매충전, 배출(숙청) 및 윤활 충전, 배출을 할 수 있는 계측기기이다. 명칭을 쓰시오.

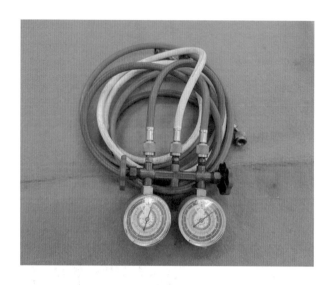

해답 매니폴드 게이지(manifold gauge)

89 다음 그림은 소형 냉동장치 저압측과 고압측에 설치하는 서비스 밸브(service valve)이다. 자리 조정에 대하여 설명하여라.

해답 (1) 앞자리 : 주 통로 닫힘, 게이지 통로 열림
    (2) 중간자리 : 주 통로와 게이지 통로 열림
    (3) 뒷자리 : 주 통로 열림, 게이지 통로 닫힘
해설 서비스 밸브는 매니폴드 게이지를 이용하여 냉동장치의 압력(누설, 진공)시험, 냉매충전 숙정(배출) 등을 할 수 있다.

90 냉동장치에 사용되는 액분리기에 대하여 다음의 물음에 답하시오.

(1) 설치의 목적
(2) 설치의 위치
(3) 설치의 경우
(4) 설치 용량(크기)
(5) 액분리기 내에서의 냉매의 유속
(6) 분리된 냉매액의 처리 방법
(7) 분리방법에 따른 종류

해답 (1) 흡입가스 중의 냉매액을 분리하여 증기 (기체)냉매만을 압축기로 흡입시 킴으로써 리퀴드백(liquid back)을 방지하여 압축기의 운전을 보호한다.
(2) 증발기와 압축기 사이의 흡입관
(3) 부하 변동이 심한 장치 및 만액식 증발기를 이용한 장치
(4) 증발기 내용적의 20~25% 이상의 크기
(5) 1m/s 정도
(6) ① 증발기로 재순환(만액식 증발기의 경우 : 설치 위치는 증발기 상부)
   ② 액펌프 및 액류기를 이용하여 고압수액기로 회수(액 회수장치 이용)
   ③ 액 냉매를 가열한 후 증발시켜 압축기로 회수(열교환 방법)
(7) ① 유속 감소 분리형   ② 원심 분리형   ③ 가스 충돌 분리형

해설 액분리기는 증발기보다 150mm 높이로 흡입관을 입상시켜서 설치한다.

91 다음 그림은 냉동장치 운전 중 일정압력 이하일 때 60~90초 뒤에 동작하여 냉동기를 보호하는 장치이다. 명칭을 쓰시오.

해답 유압 보호 스위치(oil protection switch)

92 다음 그림은 압축기에 설치된 기기이다. 다음 물음에 답하시오.

(1) 장치 내의 압력이 이상 상승할 때 작동하여 냉동장치를 안전하게 운전한다. 명칭과 작동압력을 쓰시오.
(2) 압축기의 진동을 주변 기기에 전달되는 것을 방지하는 배관 부속 장치이다. 명칭은 무엇인가?

해답 (1) ① 명칭 : 안전밸브(relief valve)
② 작동압력 : 정상고압＋4~5 kg/cm^2
(2) 플렉시블 이음(flexible joint)

93 다음 그림은 액분리기에 분리된 액냉매를 회수하여 고압으로 전환시켜서 수액기로 회수하는 기기이다. A의 명칭과 설치 시 수액기 최상부와 기기 A 최하부의 높이는 몇 mm 이상인지 쓰시오.

해답 (1) A명칭 : 액받이 (액류기 ; liquid trap)
　　　 (2) 높이는 600mm 이상

94 공랭식 응축기를 사용하는 정상적인 냉동장치가 겨울철의 운전에서는 냉각이 불충분한 현상을 나타내고 있을 때, 응축 압력을 일정 압력 이상으로 상승시키는 압력 조절 스위치의 역할을 쓰시오.

해답 ① 공랭식 응축기의 경우 fan moter를 on, off시킨다.
　　　 ② 수랭식 응축기의 경우 냉각수 펌프를 on, off시킨다.

95 냉동장치 운전중에 다량의 공기가 혼입되어 응축기에서 액화되지 못하는 불응축 가스가 발생한다. 다음 물음에 답하시오.

(1) 그림 A와 그림 B의 명칭을 쓰시오.

(2) 냉동장치에 불응축 가스가 체류하는 여부 판별방법을 쓰시오.

(3) 불응축 가스가 냉동장치에 미치는 영향을 쓰시오.

그림 A

그림 B

해답 (1) ① A : 요크 가스 퍼지(york gas purge) ; 수동
② B : 암스트롱 가스 퍼지(amstrong type gas purge) ; 자동

(2) 응축온도와 압력이 평상시보다 높다.

(3) 불응축 가스가 냉동기에 미치는 영향

① 체적효율 감소　　　　② 토출가스 온도 상승
③ 응축압력 상승　　　　④ 냉동능력 감소
⑤ 소요동력 증대(단위능력당)　⑥ 압축비 상승
⑦ 실린더 과열　　　　⑧ 윤활유 열화 및 탄화

해설 (1) 가스 퍼지 장치의 외형 모양이 원통형은 수동 요크식이고, 외형의 아래 부분이 사발모양으로 된 것은 자동 암스트롱식 가스 퍼지 장치이다.

(2) 불응축 가스의 발생 원인

① 외부에서 침입하는 경우
㈎ 오일 및 냉매 충전 시 부주의에 의한 침입
㈏ 냉동기를 진공 운전할 경우

② 내부에서 발생하는 경우
㈎ 진공 시험 시 완전진공을 하지 않았을 경우 장치 내에 남아 있던 공기
㈏ 오일이 탄화할 때 생긴 가스
㈐ 냉매 및 오일의 순도가 불량할 때

(3) 불응축 가스 퍼지 (purge)

① 응축기 상부로 제거하는 법 : 냉동기 운전을 정지하고 응축기에 냉각 수를 30분간 계속 (냉각수 입·출구 온도가 같을 때까지) 통수하여 냉매 를 완전히 액화시킨 다음에 응축기 입·출구 밸브를 닫고 상부의 공기 배기밸브를 열어 불응축 가스를 배기하고 정상 운전한다.

② 수동 가스 퍼지 (york gas purge)

③ 자동 가스 퍼지 (암스트롱식 : Amstrong type)

96 다음 안전밸브(safety valve)에 대한 물음에 답하시오.

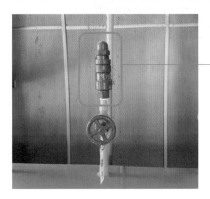

안전밸브
(수액기에 설치된 것)

(1) 역할을 쓰시오.

(2) 설치하는 기기의 명칭을 쓰시오.

(3) 작동압력(법 규정 압력)은?

(4) 구조상의 종류 3가지와 사용방법에 따른 종류 3가지를 각각 쓰시오.

(5) 기능 검사를 위한 시험방법 3가지를 쓰시오.

해답 (1) 기기 및 압력 용기 내의 압력이 이상 고압이 되었을 때 일정치 이상의 압 력에서 작동하여 장치의 소손을 방치한다.

(2) ① 압축기, ② 응축기, ③ 수액기, ④ 압력 용기, ⑤ 이단압축 냉동장치의 중간냉각기, ⑥ 액 펌프식의 액 펌프와 저압 수액기 사이의 배관, ⑦ 불응 축 가스 퍼지, ⑧ 제상용 수액기, ⑨ 유회수 장치의 유류기, ⑩ 액봉의 위험 이 있는 배관, ⑪ 만액식 증발기

(3) 내압시험압력의 $\dfrac{8}{10}$ 이하의 압력 (정상 고압 + 4~5 kg/cm^2)

(4) ① 구조상의 종류 : 중추식 안전밸브, 파열판식 안전밸브, 스프링식 안전 밸브, 가용전식 안전밸브

② 사용방법에 따른 종류 : 대기 방출형, 저압 방출형, 압축기 내장형

(5) ① 분출 개시 압력, ② 전개 압력, ③ 분출 정지 (종료) 압력

97 다음 그림은 냉동장치에 설치된 유압 보호 스위치이다. 작동 여부를 검사하는 방법을 기술하시오.

해답 O.P.S의 작동 검사 : 벨트(belt) 및 커플링(coupling)을 풀어놓은 상태에서 전동기만을 기동 후 60~90초에서 정지하면 정상으로 판단한다(압축기가 회전하지 않으므로 유압이 형성되지 않았기 때문).

98 다음 그림은 냉동장치에 설치된 고압 차단 스위치이다. 작동 여부를 검사하는 방법을 기술하시오.

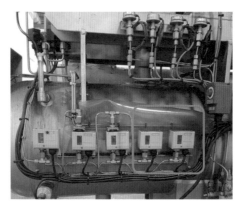

해답 H.P.S의 작동 검사
① 정상 운전 중의 고압과 동일한 압력으로 H.P.S의 단절점(cut out point)을 조정하여 압축기가 정지할 경우에 설정 압력에서도 작동되는 것으로 추정한다.
② 정상 운전 중에 고압을 상승시켜(응축기의 냉각수량 감소 및 토출지변을 조인다.) H.P.S의 설정 압력(단절점)에 도달했을 때 압축기가 정지하는 것으로 판단한다.
※ 위의 검사방법 중 ②항은 위험이 수반되므로 주의를 요한다.

99 다음 그림은 냉동장치의 압축기, 응축기, 수액기 등에 설치하여 정상 고압＋ 4～5kg/cm² 이상일 때 작동하여 냉동장치의 안전운전을 유지하는 기기이다. 명칭을 쓰시오.

해답 고압 스위치(high pressure cut out switch)

100 다음 그림은 프레온 냉동장치에 사용하는 냉매 누설검지기의 일종인 헬라이드 토치이다. 다음 물음에 답하시오.

(1) 불꽃의 색깔에 따른 누설 상태를 쓰시오.

(2) 사용연료의 명칭을 쓰시오.

해답 (1) 불꽃 색깔

① 누설이 없다 : 청색

② 누설이 다소 있다 : 초록색

③ 누설이 많다 : 꺼진다

(2) 사용연료 : 프로판(C_3H_8), 아세틸렌(C_2H_2), 메탄(CH_4), 알코올

참고 부탄(C_4H_{10})은 이론공기량이 많이 필요하므로 연료로 사용할 수 없다.

101 냉동장치에 설치되는 제습기(드라이어)에 대하여 다음의 물음에 답하시오.

건조기(dryer)

(1) 제습기의 역할을 쓰시오.
(2) 제습기 설치의 필요성을 쓰시오.
(3) 제습기의 종류를 쓰시오.
(4) 제습기의 구비조건을 쓰시오.

해답 (1) 역할 : 프레온 냉동장치의 계통 내에 혼입된 수분을 흡수 제거한다.
(2) 설치의 필요성 : 프레온 냉매와 수분은 용해성이 극히 적어서 분리(유리)된 수분은 냉동장치의 팽창밸브에서 빙결 또는 동결하여 오리피스의 폐쇄로 냉매 순환을 저해하고 가수분해 현상에 의한 장치의 금속을 부식시키며 윤활유의 성능을 열화시키기 때문에 액관에 설치해야 한다.
(3) 제습기의 종류
① 실리카겔(silicagel ; SiO_2)
② 활성알루미나(activatedelumina ; AlO)
③ S/V소바비드
④ 몰리큘러시브
⑤ 리튬 브로마이드(Lithium Bromide ; LiBr)
(4) 제습기의 구비조건
① 다량의 수분 및 윤활유를 함유해도 분말화되지 않을 것.
② 냉매 및 윤활유와의 화학반응이 없을 것.
③ 냉매 통과 시 저항이 적을 것.
④ 높은 건조도와 효율이 좋을 것.
⑤ 취급이 편리하고, 가격이 저렴할 것.

참고 (1) 제습기＝드라이어＝냉매건조기

(2) R-22는 R-12보다 수분에 대한 용해도가 크다. 이것은 R-22 중의 수소 원자와 물의 분자간에 친화력이 크기 때문이다. R-22가 R-12보다 수분의 용해도가 크다는 것은 팽창밸브에서의 동결 및 폐쇄의 영향은 적다는 뜻이다.

(3) 수분에 의한 영향

① 팽창밸브의 빙결 또는 동결로 폐쇄시켜 냉매 순환을 저해하여 냉동능력을 감소시킨다.

② 냉매와의 가수분해 현상으로 염산, 불화수소산을 생성하여 금속을 부식시키며 동부착 현상을 초래한다.

③ 전기 절연물을 침식하여 밀폐형 압축기의 전동기(motor) 코일을 소손시킨다.

④ 윤활유의 성능을 열화시켜 윤활 불능을 초래한다.

102 전자밸브(solenoid valve) 설치 시 유의 사항을 기술하시오.

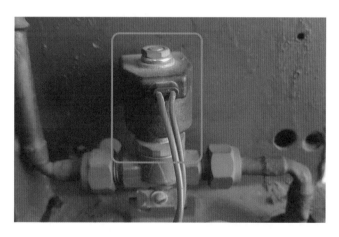

해답 (1) 전자코일의 부분이 상부에 위치하도록 수직으로 설치할 것.

(2) 유체의 흐름 방향에 맞춰 입·출구(화살표 표시) 위치를 일치시킬 것.

(3) 용량이 충분해야 하고 사용전압에 일치시킬 것.

(4) 배관과의 용접이음시에 코일 부분이 소손되지 않도록 분리하거나 적절한 조치를 취할 것.

(5) 배관시에 무리한 하중이 걸리지 않도록 할 것.

참고 (1) 전자밸브는 전기적인 원격조작으로 밸브의 개폐가 가능하여 유체의 흐름을 공급 또는 차단한다(전류의 자기작용).

(2) 직동식 전자밸브와 파일럿 전자밸브가 사용된다.

103 프레온 냉동장치의 액관에 설치한 제습기(드라이어)의 교환방법을 기술하시오.

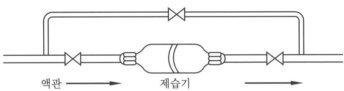

액관 ⟶   제습기   ⟶

해답 (1) 제습기의 입구 측 스톱밸브를 닫고 제습기 내의 냉매가 회수된 후(제습기가 차가워진후 상온 상태) 출구 측 스톱밸브를 닫는다.

(2) 바이패스 배관(bypass line) 스톱밸브를 열어 운전은 계속한다.

(3) 제습기 전후의 플레어 너트(flare nut)를 풀어서 교환할 때

(4) 입구 측 플레어 너트는 완전히 조이고, 출구 측 플레어 너트는 약간만 조인 상태에서

(5) 입구 측 스톱밸브를 열어 냉매로서 제습기 및 배관 내의 공기를 방출시키면서 출구 측 플레어 너트를 완전히 조인다.

(6) 출구 측 스톱밸브를 열고 바이패스 배관의 스톱밸브를 닫고 정상적인 운전을 행한다.

참고 (1) 교환 후에 조립부의 누설검사를 행할 것.

(2) 위의 제습기는 밀폐형의 경우이며 개방형 제습기의 경우에도 동일하나 위 과정 (3) 과 (4)에서 플레어 너트 대신에 제습기의 플랜지 커버를 분해하여 여과통을 빼내어 제습기를 교환하고, 다시 장착할 때 플랜지 커버를 약간만 조인 상태에 (5), (6) 과정을 실시한다.

104 다음 그림은 고압 스위치와 저압 스위치를 한 곳에 모아 조립한 고저압 스위치이다. 그림 ①, ②에 연결되는 배관 명칭을 쓰시오.

해답 ① 저압관, ② 고압관

참고 벨로즈의 지름이 큰 것은 저압 측이고, 작은 것은 고압 측이다.

105 NH₃ 입형 저속 바이패스 밸브형 압축기 기동방법을 (1) 저압 측 바이패스 이용법, (2) 고압 측 바이패스를 이용하는 방법으로 구분하여 기술하시오.

흡입 스톱밸브

토출 스톱밸브

저압측
바이패스 밸브

고압측
바이패스 밸브

해답 (1) 바이패스 밸브형의 저압 측 바이패스를 이용하는 기동방법
  ① 모든 밸브가 닫힌 상태에서
  ② 저압 측 바이패스 밸브를 열고
  ③ 흡입 스톱 밸브를 열었다 닫은 후(약간 열어도 가능)
  ④ 압축기를 기동하여 정규 회전 속도에 도달하면
  ⑤ 토출 스톱 밸브를 열면서 저압측 바이패스 밸브를 닫고
  ⑥ 흡입 스톱 밸브를 서서히 열면서 정상 운전을 실시한다.
(2) 바이패스 밸브형의 고압 측 바이패스를 이용하는 기동방법
  ① 토출 스톱 밸브를 열고
  ② 고압 측 바이패스 밸브를 열고
  ③ 압축기를 기동하여 정규 회전 속도에 도달하면
  ④ 고압 측 바이패스 밸브를 닫으면서
  ⑤ 흡입 스톱 밸브를 서서히 열어서 정상 운전을 실시한다.

참고 단열재가 있는 쪽이 저압 배관이다.

106 냉동장치에 설치된 스위치의 명칭을 쓰시오.

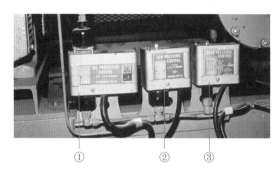

① ② ③

해답 ① 유압보호 스위치, ② 저압차단 스위치, ③ 고압차단 스위치
참고 배관 연결구가 상하에 있는 것은 유압 스위치이고, 연결구 벨로즈 지름이 큰 것은 저압 스위치, 작은 것은 고압 스위치이다.

107 냉동장치에서 압축기 흡입 측 팽창밸브와 전자밸브 입구 oil pump 입·출구에 여과기(strainer or filter)를 설치한다. 다음 물음에 답하시오.

V형 여과기

(1) 여과기 종류 3가지를 쓰시오.
(2) 냉동용 여과기 in^2 구멍의 숫자
　① 압축기 흡입 여과기　② 액관 여과기
(3) 윤활유 여과기 $1\,in^2$당 구멍의 숫자

해답 (1) 종류 : U형, V형, Y형
　　(2) 냉동용 여과기
　　　　① 흡입 여과기 : 40 mesh
　　　　② 액관 여과기 : 70~100 mesh
　　(3) 윤활유 (oil) 여과기 : 80~100 mesh
참고 (1) mesh란 $1\,in^2$당 구멍의 수
　　(2) 압축기 흡입 측에는 여과기를 설치하지 않는 경우 많다.
　　(3) 소형장치는 V형 여과기를 사용하며 프레온 장치는 건조기에 여과기가 삽입되어 있다.
　　(4) U형 여과기는 배수용이다.

108 제빙실의 제빙조(ice tank)는 강판제로 깊이 1200 mm의 대형 수조로 되어 있다. 수조에 채워진 (1) brin 명칭, (2) brin 유속을 쓰시오.

해답 (1) 염화칼슘($CaCl_2$), 염화나트륨($NaCl$), 염화마그네슘($MgCl_2$)
(2) 유속 : 7.6~12 m/min

109 암모니아용 제빙장치에 관한 사항에 대하여 물음에 답하시오.

(1) 표준 얼음의 온도 및 중량을 쓰시오.
(2) 대표적인 브라인 명칭과 적당한 유속을 쓰시오.
(3) 일반적인 증발기 형식 명칭을 쓰시오.
(4) 교반기(agitator)를 사용하는 이유를 쓰시오.
(5) 아이스캔(ice can)에 공기를 불어넣는 이유를 쓰시오.

결빙 상태   아이스캔 그리드(icecan grid)

해답 (1) −9℃ 및 135 kg
(2) 염화칼슘 브라인($CaCl_2$ Brine), 염화나트륨($NaCl$), 브라인 유속 7.6~12 m/min
(3) 해링본(herring bone)형 증발기
(4) 브라인 탱크 내의 브라인의 온도를 균일하게 유지하기 위하여 브라인을 순환시킬 목적으로 사용
(5) 원료수 중의 불순물을 상부층으로 분리 제거시켜 양질 얼음(투명빙)을 만든다.

110 냉동장치의 설비 중 에어커튼(air-curtain)의 역할을 간단히 기술하시오.

해답 에어커튼은 크로스 플로 팬(fan) 또는 시로코 팬을 사용하며, 폭넓은 기류를 만들어 냉장실문의 입구에 공기로 막을 쳐서 외기의 침입에 의한 열손실을 방지하기 위한 설비이다.

111 제빙실에 −9℃의 투명체로 결빙된 얼음을 탈빙시키기 위하여 용수조에서 얼음 표면을 녹인다. 다음 물음에 답하시오.

(1) 용수조의 온도는 몇 ℃ 이하인가?
(2) 결빙한 얼음을 이동시키는 장비 명칭은?

탈빙기

해답 (1) 21℃ 이하

(2) 양빙기 (아이스캔 크레인 : multi can crane)

112 다음 화면에 나타나는 압축기의 명칭을 쓰시오.

해답 공기 중단 압축기

113 다음 화면에 나타나는 냉동장치의 명칭을 쓰시오.

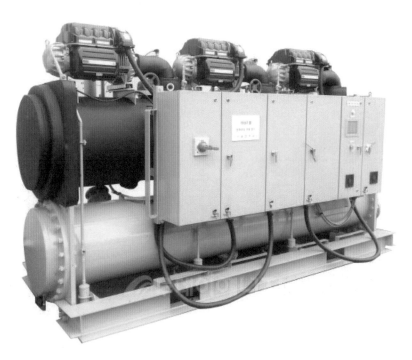

해답 터보 냉동기(원심식 압축기)

114. 다음 화면은 밀폐식 회전압축기이다. ◯▭로 표시된 부분의 명칭과 역할을 쓰시오.

해답 (1) 명칭 : 액분리기
　　(2) 역할 : 압축기 흡입관 중 냉매 액을 분리하여 액 압축으로부터 압축기를
　　　　　보호한다.
해설 회전압축기는 흡입가스가 실린더 내부로 직입되므로 흡입관에 액분리기 또
　　는 열교환기를 설치하여 액 냉매를 분리시켜야 한다.

115 다음 화면은 산업용 공기압축기이다. 명칭을 쓰시오.

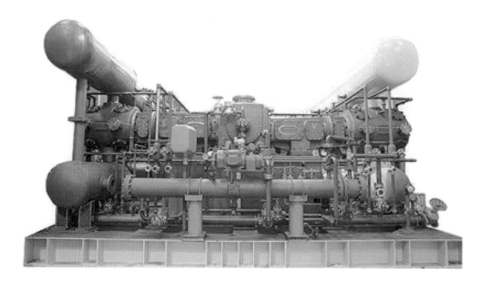

해답 수랭식 압축기

116 다음 화면은 에어컨 실외기에 설치하는 응축기이다. 명칭을 쓰시오.

해답 강제 대류 공랭식 응축기

117 다음 화면은 어떤 수랭식 응축기인지 쓰시오.

해답 횡형 응축기
해설 소형장치에서 수액기 겸용으로 사용할 수 있다.

118 다음 화면에 나타나는 수랭 응축기의 명칭을 쓰시오.

해답 이중관식 응축기

해설 전열계수 $900\mathrm{kcal/m^2 \cdot h \cdot \, ^\circ\!C}$, 냉각(전열)면적 $0.8 \sim 0.9\mathrm{m^2/RT}$, 냉각수량 $12\mathrm{L/min \cdot RT}$

119 다음 그림은 나선 모양의 관에 냉매증기를 통과시키고, 이 나선관을 원형 또는 구형의 수조에 담그고 물을 수조에 순환시키는 응축기이다. 명칭을 쓰시오.

냉매가스 입구
냉각수 출구
핀 튜브 냉각관
냉매액 출구
냉각수 입구

해답 지수식 응축기(셸 앤드 코일 응축기)

해설 전열계수 $200\mathrm{kcal/m^2 \cdot h \cdot \, ^\circ\!C}$, 냉각(전열)면적 $4\mathrm{m^2/RT}$, 냉각수량이 다량 필요하다.

120 다음 화면은 물을 공기와 접촉시켜 냉각하는 장치로 1kg의 물이 증발하면 600kcal 정도 흡수하고, 순환수량의 2%를 증발시키면 자체 온도를 1℃ 내릴 수 있는 장치의 명칭을 쓰시오.

해답 냉각탑(cooling tower)

해설 ① 쿨링 레인지(cooling range) : 냉각수 입구 온도 – 출구 온도(5℃ 정도가 적당)

② 쿨링 어프로치(cooling approach) : 냉각수 출구 온도 – 대기 습구 온도 (5℃ 정도가 적당)

③ 냉각톤 : 냉각탑의 입구 수온 37℃, 출구 수온 32℃, 대기 습구 온도 27℃, 순환수량 13L/min일 때 3900kcal/h의 발열량을 말한다.

121 다음 화면은 온도식 자동팽창밸브이다. 어떤 종류인지 쓰시오.

해답 내부 균압형 온도 자동팽창밸브

122 다음 화면은 온도식 자동팽창밸브이다. 어떤 종류인지 쓰시오.

해답 외부 균압형 자동팽창밸브

해설 팽창밸브에 배관연결부가 2개인 것은 내부 균압형이고, 3개인 것은 외부 균압형이다.

123 다음 화면은 증발기 내의 냉매 증발압력을 항상 일정하게 유지하는 밸브이다. 명칭을 쓰시오.

해답 정압식 팽창밸브(자동 압력식 팽창밸브)

해설 부하 변동에 민감하지 못하다는 결점이 있다.

124 다음 화면은 건식 증발기의 종류이다. 명칭을 쓰시오.

해답 핀 코일 증발기

125 다음 화면은 핀 코일 증발기이다. ⬭로 표시된 부분 (1)과 지시선으로 표시된 부분 (2)의 명칭을 쓰시오.

해답 (1) 액 분류기(distributor)
　　(2) 가스 헤드

해설 액 분류기는 냉각 코일 입구에서 공급액 냉매를 분배시켜 주는 역할을 하고, 가스 헤드는 냉각 코일 출구에서 흡입 가스를 한곳에 모아 압축기로 회수함으로써 증발기 코일의 압력 강하를 방지한다.

126 다음 화면의 공구 명칭과 용도를 쓰시오.

해답 (1) 명칭 : 클로 해머(claw hammer)
(2) 용도 : 못을 박거나 뽑을 때 사용

127 다음 화면의 공구 명칭과 용도를 쓰시오.

해답 (1) 명칭 : 볼 핀 해머(ball peen hammer)
(2) 용도 : 얇은 금속판을 두들겨서 피는 작업을 할 때 또는 리벳 끝을 둥글게 할 때 사용

128 다음 화면은 어떤 종류의 해머인지 쓰시오.

해답 러버 맬릿 해머(고무해머, rubber mallet hammer)

129 다음 공구의 명칭을 쓰시오.

해답 −자 드라이버(common screw driver)

해설 드라이버의 크기는 날 끝에서부터 손잡이가 시작되는 사이의 길이로 나타
낸다.

130 다음 공구의 명칭을 쓰시오.

해답 +자 드라이버(crosspoint screw driver)

131 다음 공구의 명칭을 쓰시오.

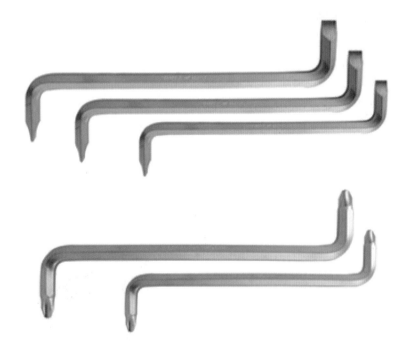

해답 옵셋 스크루 드라이버(offset screw driver)

해설 한쪽 날 끝이 축쪽으로 휘어져 있으며, 구석에 있는 나사가 일직선상에 축이 놓이지 않는 나사를 돌리는 데 사용

132 다음 공구의 명칭을 쓰시오.

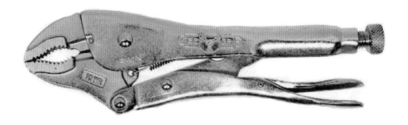

해답 스탠더드 바이스그립 렌치(standard vise-grip wrench)

133 다음 공구의 명칭을 쓰시오.

해답 플라이어(pliers)
해설 물체를 자르고 고정시키며, 꾸부리고 잡아당기는 등 사용 용도가 많은 공구
이다.

134 다음 공구의 명칭을 쓰시오.

해답 니들 노즈(needle nose)
해설 일명 라디오 벤치 또는 롱 노즈라고 한다.

135 다음 공구의 명칭을 쓰시오.

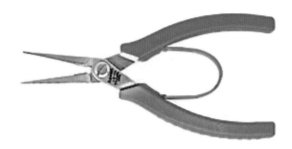

해답 로크 링 플라이어(lock ring plier)

136 다음 공구의 명칭을 쓰시오.

해답 벤트 니들 노즈(bent needle nose)

137 다음 공구의 명칭을 쓰시오.

해답 어저스터블 조 렌치(adjustable jaw wrench)

138 다음 공구의 명칭을 쓰시오.

해답 파이프 렌치(pipe wrench)

해설 철 파이프를 물리고 돌릴 때 또는 고정시킬 때 사용한다.

139 다음 공구의 명칭을 쓰시오.

해답 알렌 렌치(allen wrench)

해설 고정나사를 박거나 뺄 때 쓰인다. L자형으로 된 강철로서 나사의 구멍에 맞도록 6각형 또는 4각형 등으로 되어 있다.

140 다음 공구의 명칭을 쓰시오.

해답 리버싱 체인파이프 렌치(reversing chainpipe wrench)
해설 체인이 하나의 조 역할을 하며, 지름이 큰 파이프 작업에 사용된다.

141 다음 공구의 명칭을 쓰시오.

해답 소켓 렌치(socket wrench)
해설 나사, 너트, 볼트 등을 죄거나 푸는 데 사용하는 기구이다.

142 다음 공구의 명칭을 쓰시오.

해답 티크니스 게이지(thickness gauge)

143 다음 공구의 명칭을 쓰시오.

해답 나사 피치 게이지(screw pitch gauge)

144 다음 공구의 명칭을 쓰시오.

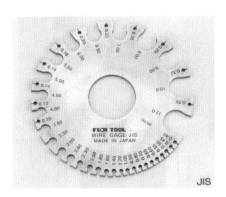

해답 와이어 게이지(wire gauge)

해설 영국 표준 와이어 게이지는 0에서 36까지의 사이즈가 있고, 미국 표준 와이어 게이지와 미국 표준 철강판 게이지가 사용되고 있다. 와이어의 굵기 측정에 사용되며 비슷한 게이지로 열냉각의 압연강판과 철판 및 피아노선의 측정에도 사용된다.

145 다음 공구의 명칭을 쓰시오.

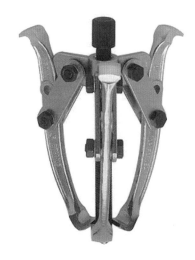

해답 풀러(puller)

146 다음 공구의 명칭을 쓰시오.

해답 픽업 툴 및 자석(pickup tools and magnets)

해설 작업 중 손이 닿지 않는 곳에 떨어진 공구를 집어내는 데 필요한 공구이다.

147 다음 공구의 명칭을 쓰시오.

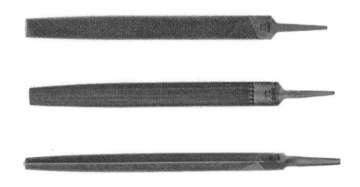

해답 줄(files)

해설 ① 외줄 줄칼은 한 조의 대각선 방향의 줄로 되어 있다.

② 쌍줄 줄칼은 2조의 대각선 방향의 줄로 되어 있다.

③ 라스프 줄칼은 펀치 등의 공구를 사용하여 짧은 이를 각각 따로 판 것이며, 각 이는 연속적으로 줄을 이루고 있다.

④ 곡선 줄칼은 줄의 이가 곡선 모양으로 되어 있다.

148 다음 공구의 명칭을 쓰시오.

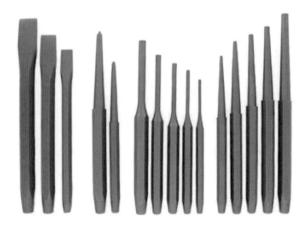

해답 펀치(punches)와 끌(chisels)

해설 끌은 공작 날에 구멍을 뚫거나 대패질할 수 없는 부분을 깎고 쪼개는 데 사용되고, 펀치는 포인트부가 원뿔형으로 되어 있고 팁은 90°의 원뿔로 되어 있다.

149 다음 공구의 명칭을 쓰시오.

해답 핸드 드릴(hand drill)
해설 동력을 이용할 수 없을 때 손으로 구멍을 뚫는 데 사용한다.

150 다음 공구의 명칭을 쓰시오.

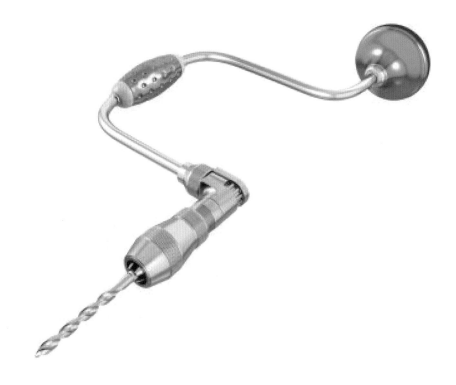

해답 브레이스(brace)
해설 나무에 구멍을 뚫는 데 사용한다.

151 다음 공구의 명칭을 쓰시오.

해답 전기 드릴(electric drill)

해설 손잡이형, 권총형, 받침형 등이 있고 사용 시에 센터 펀치로 표시를 하고 사용한다.

152 다음 공구의 명칭을 쓰시오.

해답 스탠드 드릴(stand drill)

153 다음 공구의 명칭을 쓰시오.

해답 그라인더(grinder)

해설 연마기라고도 하며 끌, 드라이버, 펀치 등의 공구 또는 금속 물체를 갈 때 사용한다.

154 다음 공구의 명칭을 쓰시오.

해답 핸드 그라인더(hand grinder)

155 다음 공구의 명칭을 쓰시오.

해답 수동식 벤치 그라인더

156 다음 공구의 명칭을 쓰시오.

해답 쇠톱(hack saw)

해설 톱날의 길이는 8~16inch까지 있으나 보통 10inch의 톱날이 많이 사용된다. 톱날의 길이는 1inch당 이빨이 14, 18, 24, 32개짜리가 있다.

157 다음 공구의 명칭을 쓰시오.

해답 탭(tap)

해설 (a) : 보터밍 탭(bottoming tap)

(b) : 플러그 탭(plug tap)

(c) : 테이퍼 탭(taper tap)

158 다음 공구의 명칭을 쓰시오.

해답 나사 다이(thread die)
해설 수나사 내는 공구

159 다음 기기의 명칭을 쓰시오.

해답 가솔린 토치(gasoline torches)
해설 옥외 작업장에서 널리 이용되는 가열기이다.

160 다음 기기의 명칭을 쓰시오.

해답 LPG 토치(LPG torches)

161 다음 공구의 명칭을 쓰시오.

해답 전기 납땜 인두기(electric soldering irons)

162 다음 공구의 명칭을 쓰시오.

해답 권총형 전기 납땜 인두기(heat soldering guns)

163 다음 공구의 명칭을 쓰시오.

해답 냉동 래칫 렌치(service valve ratchet wrench)

해설 압축기의 서비스 밸브를 조절하는데 사용하는 것으로 서비스 렌치 또는 냉
동 래칫 렌치라 한다.

164 다음 공구의 명칭을 쓰시오.

해답 튜브 커터(tube cutter)

165 다음 공구 세트의 명칭을 쓰시오.

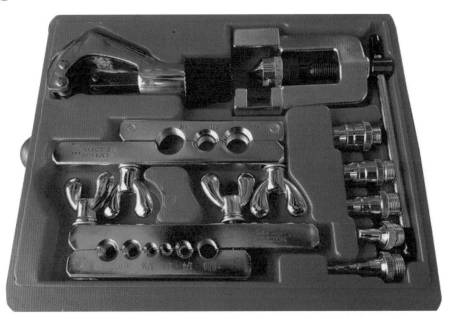

해답 동관 파이프 확관기 세트
해설 튜브 컷, 스웨이징 공구, 플레어링 공구 등의 세트로서 동관 작업용 공구
이다.

166 다음 공구의 명칭을 쓰시오.

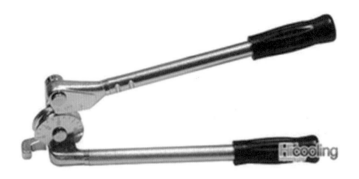

해답 튜브 벤더(tube bender)
해설 동관을 희망하는 각도로 꾸부리는 데 사용하는 공구이다.

167 다음 공구의 명칭을 쓰시오.

해답 볼트 커터(bolt cutter)

168 다음 공구의 명칭을 쓰시오.

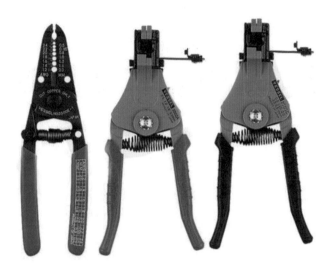

해답 와이어 스트리퍼(wire stripper)
해설 이 공구 사용 시는 전선 굵기의 번호를 정확히 측정하여 사용한다.

169 다음 공구의 명칭을 쓰시오.

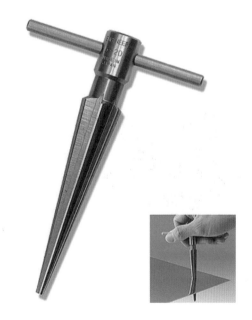

해답 리머(reamer)
해설 구멍의 내면을 매끈하게 확대하고 일정한 규격으로 다듬질할 때 사용한다.
파이프 내면이나 구멍에 있는 버(burr)를 떼낼 때도 사용된다.

170 다음 특수한 공구의 명칭을 쓰시오.

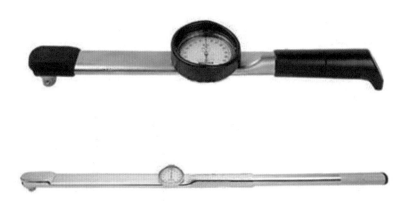

해답 토크 렌치(torque wrench)

해설 특수한 볼트를 조이는 데 사용하는 것으로 각 볼트마다 조이는 압력(lb/in^2, kg/cm^2) 등으로 나타낸다. 종류로는 플렉시블 토크 렌치, 유압 토크 렌치, 프리셋 토크 렌치, 래칫 토크 렌치 등이 있다.

171 다음 공구의 명칭을 쓰시오.

(1)   (2)

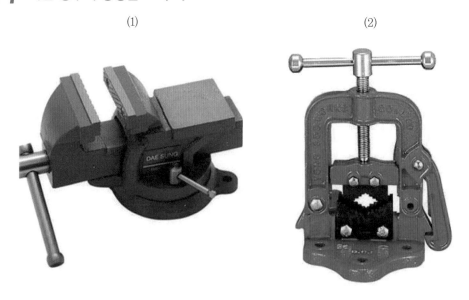

해답 (1) 벤치 바이스(bench vise)
      (2) 파이프 바이스(pipe vise)

해설 바이스는 공작물에 톱질을 할 때, 구멍을 뚫을 때, 리벳 등을 할 때, 파이프에 나사를 낼 때 공작물을 고정시키는 공구이다.

172 다음 계측기의 명칭을 쓰시오.

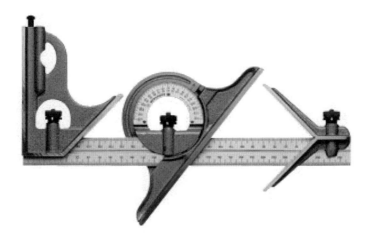

해답 콤비네이션 세트(combination set)
해설 한쪽 방향으로 돌아가는 것과 양쪽 방향으로 돌아가는 것이 있다. 높이 게이지, 베벨 분도기, 수준기, 강철자, 깊이 게이지, 금긋기 등의 기능을 가지고 있다.

173 다음 계측기의 명칭을 쓰시오.

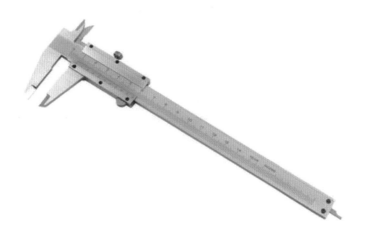

해답 슬라이딩 캘리퍼(sliding caliper)
해설 파이프의 내경, 외경 또는 피스톤의 직경과 행정을 측정하는데 사용되며 직선자와 캘리퍼스를 하나로 한 공구이며, 측정범위가 넓어 편리한 측정기구이다.

174 다음 계측기의 명칭을 쓰시오.

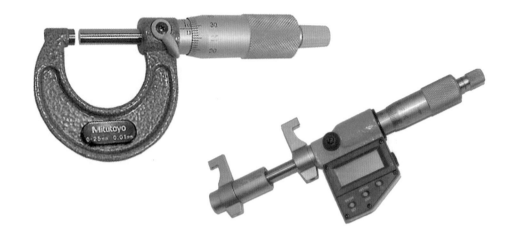

[해답] 마이크로미터(micro meter)
[해설] 정확한 피치의 나사를 이용한 측정기구이며 측정물의 외측, 내측, 깊이를 측
정할 수 있다.

175 다음 계측기의 명칭을 쓰시오.

[해답] 다이얼 인디케이터(dial indicator), 다이얼 게이지
[해설] 랙과 기어의 운동을 이용하여 작은 길이를 확대 표시하는 측정기구이며 회
전체나 회전축의 흔들림 점검, 공작물의 평면도 및 평면상태의 측정 및 제품
검사 등에 사용된다.

176 다음 계측기의 명칭을 쓰시오.

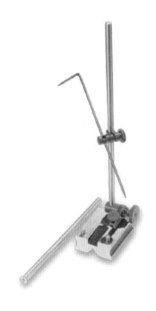

해답 표면 게이지

해설 공작물에 측정값을 옮기거나 표면의 정도, 평행도 등을 점검할 때 사용되는 것이다.

177 다음 계측기의 명칭을 쓰시오.

해답 깊이 게이지

해설 홈(slot), 카운터보어(counter bore) 리세스(recess) 등의 깊이 측정에 사용된다.

178 다음 계측기의 명칭을 쓰시오.

해답 높이 게이지

해설 지그(jig)나 부품을 마름질할 때 또는 구멍의 위치점검, 표면점검 등에 사용
된다.

179 다음 계측기의 명칭을 쓰시오.

해답 냉매 충전저울

180 다음 계측기의 명칭을 쓰시오.

해답 축전기 측정기(capacitor analyzer)

해설 시동 축전기, 운전 축전기, 전류식 릴레이, 전압식 릴레이의 용량 및 성능을
측정할 수 있으며 밀폐식 전동기의 코일의 상태 및 기동 능력을 시험할 수
있는 계측기이다.

181 다음 화면은 냉동장치 부속기기이다. 명칭을 쓰시오.

 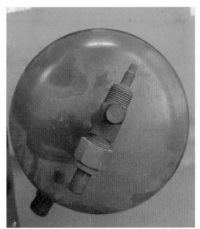

해답 수액기

해설 헤드 상부에 밸브가 있는 것은 수액기이고, 밸브가 없이 배관만 연결된 것은
액분리기이다.

수액기 내부구조

2 공조 설비 설치

01 다음 ( ) 안에 적당한 용어를 쓰시오.

> 겨울에는 실내에서 외부로 손실되는 열량을 보충하기 위하여 난방을 한다. 이때 난방을 위해 열을 만드는 (①)와 같은 장치를 온열원장치라고 한다. 여름에 외부의 열이 실내로 들어올 때에는 열량을 버리기 위하여 냉방을 하는데, 냉방을 위해 열을 제거하여 (②)와 같은 장치를 냉열원장치라고 한다. 이때 (②)의 열은 냉각탑을 통하여 대기 중에 버리게 된다. 온열원장치인 (①)와 냉열원장치인 (②) 및 부속 기기 등을 일컬어 열원장치라 한다.

해답 ① 보일러   ② 냉동기

02 다음 ( ) 안에 적당한 용어를 쓰시오.

> 열을 운반하기 위해서는 열을 담을 수 있는 물질과 운반에 필요한 장치가 있어야 한다. 따라서 냉방할 때는 (①)를, 난방할 때는 (②)를 운반할 펌프와 배관이 필요하다. 또, 냉풍이나 온풍을 운반하기 위해서는 송풍기와 공기 통로인 (③)가 필요하다. 이와 같이 열을 운반하기 위한 펌프와 배관, 송풍기와 (③) 및 부속 기기 등을 일컬어 열 운반장치라고 한다.

해답 ① 냉수   ② 온수   ③ 덕트(duct)

03 공조 설비의 배관은 정확한 검사를 위해 보온 단열 시공이나 도장 작업 전에 ( )를 실시한다. 검사 방법에는 수압 시험, 기압 시험 등이 있으며 가스 ( )는 비눗물 밑 냉매가스 검사기를 사용하여 실시한다. ( )에 알맞은 명칭을 쓰시오.

해답 누설검사

04 공기조화 시스템을 구성하는 기본 구성요소 중 열원기기를 쓰시오.

해답 ① 냉동기와 보일러   ② 냉각탑(cooling tower)

05 공조장치 설치계획 시 고려사항 2가지만 쓰시오.

해답 ① 건축주와 협의   ② 현장 조사
③ 실내환경 조건   ④ 유사건물 조사
⑤ 관련법규 확인

06 공조기기에서 송풍기, 가열코일, 냉각코일, 여과기, 가습기 등이 한 곳에 유닛으로 구성되어 있는 장치의 명칭은 무엇인가?

해답 공기조화기(AHU)

07 실내공기의 상태는 외기나 실내의 여러 가지 조건에 따라 수시로 변화한다. 따라서 이러한 변화에 신속히 대응하면서 경제적인 운전을 하기 위하여 공기조화 기기의 기동과 정지장치, 물의 양을 조절하는 밸브, 풍량을 조절하는 댐퍼 등을 자동으로 제어하는 장치의 명칭을 쓰시오.

해답 자동제어장치

08 덕트 내 압력, 속도 유량 측정, 송풍기 성능시험, 원심펌프 성능시험, 덕트 내 소음 측정 등 다양한 방법들이 있으며, 현장에서 설치하여 측정하기 곤란한 경우에는 제조 공장에서 실시하며, 제조회사마다 각자 정한 방법으로 시험하는 기기도 있다. 이러한 방법을 무슨 검사라 하는가?

해답 기기 성능검사

09 공기 이동의 구성장치를 쓰시오.

해답 ① 열원장치
② 열운반장치
③ 자동제어장치

10 공조장치 설치 후 검사의 종류 2가지를 쓰시오.

해답 ① 기기 성능검사
② 현장의 기자재검사
③ 시공검사
④ 누설검사

11 대류형 방열기의 온수 입구온도 80℃, 출구온도 70℃, 실내온도를 20℃로 할 때 방열량은 얼마인가?

해답 방열량 $Q' = \dfrac{523}{\left(\dfrac{80-18.5}{\dfrac{80+70}{2}-20}\right)^{1.4}} = 1.914 ≒ 1.91 \, \text{W/m}^2$

12 증기난방에서 전 방열면적 350 m², 급탕량 600 L/h, 급탕온도 60℃일 때, 사용할 수 있는 주철제 보일러의 부하는 몇 kW인가? (단, 배관손실 20%, 석탄발열량 6.4kW, 예열부하는 25%이다.)

해답 보일러 부하 $= (350 \times 0.7558) + \left(\dfrac{600}{300} \times 4.2 \times 60\right) = 306.53 \, \text{kW}$

13 증기배관에서 벨로스형 감압밸브 주위 부품을 |보기|에서 찾아 ○ 안에 기입하시오.

─| 보 기 |─

① 슬루스 밸브　　　② 벨로스형 감압밸브　　③ 스트레이너
④ 안전밸브　　　　⑤ 압력계　　　　　　　⑥ 구형 밸브

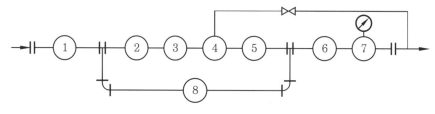

해답 ① 압력계, ② 슬루스 밸브, ③ 스트레이너, ④ 벨로스형 감압밸브
⑤ 슬루스 밸브, ⑥ 안전밸브, ⑦ 압력계, ⑧ 구형 밸브

14 건축물의 각종 위생기구에서 필요한 물을 공급하기 위한 설비에서 상수를 공급하는 2가지 급수 방식을 쓰시오.

해답 ① 수도 직결 방식
② 고가 수조 방식(옥상 탱크 방식)
③ 펌프 직송 방식
④ 압력 탱크 방식

15 도시가스 설치시설기술기준에서 가스 공급압력을 고압에서 중압으로, 중압에서 저압으로 용도에 따라 맞추어 감압 공급하는 기기의 명칭을 쓰시오.

해답 정압기

16 적절한 통풍력을 유지하기 위하여 사용되는 전반적인 통풍장치의 기기명 2가지를 쓰시오.

해답 ① 송풍기(송풍기와 배풍기) ② 덕트 ③ 댐퍼

17 열매온도 및 실내온도가 표준상태와 다른 경우에 강판제 패널형 증기난방 방열기의 상당방열량(kW/m^2)을 구하시오. (단, 방열기의 전방열량은 2.56 kW이고 실온이 20℃, 증기온도는 104℃, 증기의 표준 방열량은 755.8 W/m^2이다.)

해답 ① 보정상수 $C_s = \left(\dfrac{102-18.5}{t_s-t_r}\right)^n = \left(\dfrac{83.5}{104-20}\right)^{1.3} = 0.992268$

② 상당방열량 $Q' = \dfrac{0.7558}{0.992268} = 0.819 = 0.82\ kW$

18 증기 대수 원통 다관형(셸 튜브형) 열교환기에서 500000 kcal/h, 입구수온 60℃, 출구수온 70℃일 때 대수평균온도차(℃)를 구하시오. (단, 사용증기온도는 103℃, 관의 열관류율은 1800 $kcal/m^2 \cdot h \cdot ℃$이다.)

해답 대수평균온도차
① $\Delta_1 = 103-60 = 43℃$
② $\Delta_2 = 103-70 = 33℃$
③ $MTD = \dfrac{43-33}{\ln\dfrac{43}{33}} = 37.779 ≒ 37.78℃$

19 급수설비는 건축물의 각종 위생기구에서 필요한 물을 공급하기 위한 기기에서 급수설비수조 3가지를 쓰시오.

해답 ① 저수조
② 고가수조(옥상탱크)
③ 압력수조

20 다음 그림과 같은 배관에서 증기헤더 압력은 $3.5 \text{kg/cm}^3 \cdot \text{g}$, 플래시 탱크의 압력이 $1 \text{kg/cm}^2 \cdot \text{g}$, 환수관의 입상높이 3m, 증기관의 실제길이 60m, 환수관의 실제길이 30m인 경우, 열교환기용 트랩의 입구압력(P_b)과 출구압력(P_c)을 구하시오. (단, 배관 상당길이는 실제길이의 100%이며, 트랩 입구의 압력강하는 $0.5 \text{kg/cm}^2 \cdot 100 \text{m}$ 이고, 트랩 출구의 압력강하는 $0.3 \text{kg/cm}^2 \cdot 100 \text{m}$이다.)

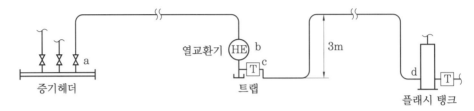

해답 (1) 트랩의 입구측 압력(P_b)

$$P_b = 3.5 - \left(0.5 \times \frac{120}{100}\right) = 2.9 \text{kg/cm}^2$$

(2) 트랩의 출구측 압력(P_c)

$$P_c = 1 + \left(0.3 \times \frac{60}{100}\right) + \frac{3}{10} = 1.48 \text{kg/cm}^2$$

21 정압기 출구 배관에는 가스 압력이 비정상적으로 상승한 경우 안전관리자가 상주하는 곳에 이를 통보할 수 있게 설치한 기기의 명칭은 무엇인가?

해답 경보장치

22 보일러 연소 제어 시에는 연소에 가장 적합한 공기량을 송입하기 위해 풍량 및 통풍을 조절하는데 송풍기에 의한 통풍 조절 방법을 쓰시오.

해답 ① 댐퍼 조절에 의한 방법(댐퍼 제어)
② 송풍기 회전수 제어(회전수 제어)
③ 흡입센서 베인의 여닫음에 의한 방법(베인 제어)

23 다음 그림과 같은 보일러 급수펌프 설비에서 환수온도가 90℃인 경우, 펌프 설비가 확보할 유효 흡입양정(NPSH)은 몇 mAq인가? (단, 펌프가 필요로 하는 NPSH는 1.8mAq이고, 흡입관의 마찰손실은 3mAq로 한다. 또한, 여유율은 1.4로 하고, 90℃ 물의 비중량은 965kg/m^3, 포화증기압은 7150kg/m^2이다.)

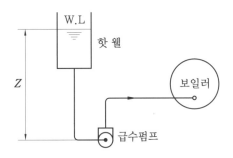

해답 유효 흡입양정(NPSH) $H = 1.4 \times 1.8 = 2.52\,\text{mAq}$

24 주철제 증기 보일러 2기가 있는 장치에서 방열기의 상당방열 면적이 1500 m²이고, 급탕온수량이 5000L/h이다. 급수온도 10℃, 급탕온도 60℃, 보일러 효율 80%, 압력 0.6kg/cm²의 증발잠열량이 2228.94kJ/kg일 때 방열기 절당 면적이 0.26 m²이라면 절수는 몇 절인가?

해답 절수 $= \dfrac{1500}{0.26} = 5769.23 \fallingdotseq 5770$절

25 도시가스의 공급 지역이 넓어 수요가 증가함으로써 가스 압력이 부족하게 될 때 사용되는 가스 공급 시설은?

해답 압송기

26 공장이나 정압소에서 압송된 고압가스를 중간압력으로 낮추는 작용을 하는 기기는 무엇인가?

해답 고압 정압기

27 원거리 지역에 대량의 가스를 공급하기 위해 쓰이는 가스 공급 방식은 무엇인가?

해답 고압 정압기

28 내압, 외압 강도가 크고 내구성, 내식성 등이 우수하여 가스관으로 가장 많이 쓰이는 관은 무엇인가?

해답 주철관

29 열전도율이 좋아 급유관이나 냉각, 가열관으로 쓰이나 고온에서 강도가 떨어지는 관은?

해답 동관

30 중압 LP가스 배관 내부에 흐르는 가스 압력은 얼마인가?

해답 0.2~3 kPa

31 LPG 사용 시설의 배관 중 호스의 길이는 몇 m 정도인가?

해답 3m 이내

32 제조 공장에서 정제된 가스를 저장하여 가스의 품질을 균일하게 유지하며 제조량과 수요량을 조절하는 저장탱크를 무엇이라 하는가?

해답 가스 홀더

33 가스 홀더의 압력을 실제 사용 압력으로 조정하는 작용을 하는 기기는 무엇인가?

해답 저압 정압기

34 가스 배관 중에서 공급관이라 함은 어떤 것인가?

해답 본관에서 수요자의 부지 경계선 사이 배관

35 수중에 부유하는 탱크에 밸브가 달려 있으며, 탱크 내의 승강과 더불어 밸브가 상하로 움직여 압력을 조정하는 정압기는 무엇인가?

해답 부종형 정압기

36 가스용 강관의 방식 금속 피복재로 널리 이용되는 것은 무엇을 도금한 것인가?

해답 아연

37 LPG 도관은 무슨 색으로 도색하여 식별하는가?

해답 적색 띠 (지하는 적색 비닐)

38 가스 배관 중 입상관이 노출되어 외부인이 조작할 우려가 있는 경우 몇 m의 높이로 설치해야 하는가?

해답 1.6~2m 이내

39 대체천연가스라고도 하고 합성천연가스라고도 하는데 천연가스와 거의 같은 성상을 갖는 제조가스를 가리킨다. 현재 경질탄화수소를 원료로 하는 프로세스는 완성되어 있고 중질탄화수소 및 석탄을 원료로 하는 프로세스가 개발 중인 가스를 무엇이라 하는가?

해답 SNG(Substitution Natural Gas)

40 가스 공급관의 지름을 32mm, 배관 길이를 20m, 가스의 압력차 5mmAq일 경우 배관 속을 흐르는 가스의 유량은 얼마인가? (단, 가스의 비중은 0.64로 한다.)

해답 유량 $Q = K \sqrt{\dfrac{HD^5}{SL}} = 0.7055 \sqrt{\dfrac{5 \times 3.2^5}{0.64 \times 20}} = 8.08 \, \text{m}^3/\text{h}$

41 도로에 매몰된 가스도관은 최고압력이 고압일 경우에 있어서 매몰된 날 이후 몇 년마다 1회 이상 누설검사를 해야 하는가?

해답 1년마다

42 단위용적의 촉매 또는 단위반응기 용적을 단위시간에 통과하는 원료를 용적으로 나타낸 것으로 원료가 액체인 경우에는 실제로 반응할 때에는 기체라도 1시간당의 액용적에 대해서 정의하여 속도로 나타내는 것을 무엇이라 하는가?

해답 SV(공간속도)

43 관의 지름 300mm, 배관 길이를 500m, 가스수송관에서 A, B점의 게이지압력이 각각 3kg/cm², 2kg/cm²인 경우 가스의 유량은 얼마인가? (단, 가스의 비중은 0.64로 한다.)

해답 $Q = K \sqrt{\dfrac{(P_1^{\,2} - P_2^{\,2})D^5}{SL}} = 52.31 \sqrt{\dfrac{(4.033^2 - 3.033^2) \times 30^5}{0.64 \times 500}} = 38317.22 \, \text{m}^3/\text{h}$

44 증기관이나 기기에서 응축된 응축수와 증기를 분리시키는 일종의 자동 밸브로서 종류는 기계식, 온도조절식, 열동식 등이 있다. 이 기기의 명칭을 쓰시오.

해답 증기트랩

45 배관은 관내에 흐르는 유체의 온도 변화, 지반의 침하, 지진, 진동 등에 의하여 팽창, 수축, 중심의 이동, 구부러짐, 비틀림 등의 복잡한 변화를 가져온다. 이와 같이 굴절, 방진 등을 흡수하는 기기 명칭을 쓰시오.

해답 신축이음쇠

46 계측기는 장치에 흐르는 물질의 (   ) 등을 측정하기 위해서는 기기의 입구와 출구 또는 필요한 장소에 계기를 설치하거나 게이지 콕 등을 설치한다. (   ) 안에 들어갈 적당한 용어 4가지를 쓰시오.

해답 ① 온도   ② 열량   ③ 압력   ④ 유량

47 공조배관 재료에 배관 이음방법 2가지를 쓰시오.

해답 ① 나사 이음   ② 플랜지 이음   ③ 유니언 이음   ④ 용접 이음   ⑤ 납땜 이음

48 공조배관 설치 시 배관 재료 및 기기의 종류를 2가지만 쓰시오.

해답 ① 관과 이음류   ② 밸브
　　 ③ 신축이음쇠   ④ 여과기(스트레이너)
　　 ⑤ 지기 및 고정구   ⑥ 계측기

49 배관 내에 흐르는 이물질 등을 정기적으로 제거해야 하고, 이 기기의 앞뒤에 서비스 밸브를 두거나 바이패스 밸브를 설치한다. 이 기기의 명칭을 쓰시오.

해답 여과기(스트레이너)

50 설치된 배관은 배관 자체의 중량뿐만 아니라 관 내부의 유체, 부속된 밸브류 및 외부로부터의 진동, 작업자의 하중 등을 받게 된다. 따라서 이들로부터 충분히 견딜 수 있도록 배관에 설치하는 기기 명칭을 쓰시오.

해답 지기 및 고정구

51 배관의 보온은 보온, 보랭, 단열 및 방로를 목적으로 한다. 보온재, 보조재, 외장재에는 많은 종류가 있지만 (   ) 등을 고려하여 조건에 적합한 것을 사용해야 한다. (   ) 안에 적합한 용어 2가지를 쓰시오.

해답 ① 단열성 ② 열간수축 ③ 불연성 ④ 투습성

52 열 반송 공조 배관을 목적에 따른 배관 종류 2가지를 쓰시오.

해답 ① 냉수 배관 ② 온수 배관 ③ 냉각수 배관 ④ 브라인 배관
⑤ 냉온수 배관 ⑥ 고온수 배관 ⑦ 냉매 배관 ⑧ 공기 배관
⑨ 저압증기 배관 ⑩ 고압증기 배관

53 공조 배관 유체 수송에 따른 종류 4가지를 쓰시오.

해답 ① 냉매 ② 물 ③ 증기 ④ 브라인 ⑤ 공기 ⑥ 연료

54 옥상탱크, 물받이탱크, 대변기의 세정탱크 등의 급수구에 장착하여 부력에 의해 자동적으로 밸브가 개폐되는 것은 무엇인가?

해답 볼 탭(ball tap)

55 펌프 배관 흡입관 최하부에 장치하는 역지 밸브의 일종은 무엇인가?

해답 풋 밸브(foot valve)

56 배수 트랩의 설치 목적은 무엇인가?

해답 유취, 유해가스의 실내 역류 방지

57 다음 중 수평 배관의 구배를 자유롭게 조정할 수 있는 지지금속은 무엇인가?

해답 턴버클

58 배수로에 생긴 배수관 내의 기압 변동을 없애고 배수를 원활히 하기 위해 설치하는 설비 명칭은 무엇인가?

해답 통기 설비

필답형 예상문제

59 건축물이나 대지 내에서 생기는 배수의 종류 3가지를 쓰시오.

해답 ① 오수　　　　② 잡배수
　　 ③ 우수, 용수　　④ 특수배수(폐수)
　　 ⑤ 중수도배수(배수재처리용수)

60 배관 소재구의 설치 위치에 대한 다음 물음에 답하시오.

(1) 배수수평관 및 수평의 기점에 설치하는데 배수수평관이 긴 경우 배수관의 지름이 100mm 이하인 경우에는 몇 m 이내에 설치하는가?
(2) 배수수평관의 지름이 100mm를 넘는 경우는 몇 m마다 설치하는가?

해답 (1) 15m 이내
　　 (2) 30m마다

61 핸들을 회전함에 따라 밸브 스템이 상하 운동하는 바깥나사식(50A 이하용)과 핸들을 회전하면 밸브 시트만 상하 운동하고 스템은 운동하지 않는 속나사식(65A 이상용)이 있다. 밸브의 명칭을 쓰시오.

해답 슬루스(게이트) 밸브 또는 사절밸브

62 급수배관에서 공기실의 설치목적은 무엇인가?

해답 수격작용방지

63 빗물 배수와 건물 사이에 사용되는 트랩은 무엇인가?

해답 U형 트랩(메인 트랩 또는 하우스 트랩 : main(house) trap)

64 다음 중 통기관을 설치하는 목적은 무엇인가?

해답 트랩의 통수를 보호하기 위하여

65 일반적으로 보온재의 보호를 목적으로 수평 배관에 사용하는 관지지 장치는 무엇인가?

해답 이어(ears)

66 통기관은 배수관 내의 물과 공기의 흐름을 원활히 하면서 공기압축에 따르는 배압 또는 부압에 의한 사이펀 작용에 의해 봉수가 손실되는 것을 방지하며, 아울러 배수 관 내를 환기시켜서 위생적인 배수 계통을 유지하기 위하여 설치한다. 이러한 통기 관의 종류 3가지를 쓰시오.

해답 ① 각개 통기관(individual) ② 루프 통기관(loop vent pipe)
　　 ③ 신정 통기관(stack vent) ④ 도피 통기관(relief vent pipe)
　　 ⑤ 습윤 통기관(wet vent pipe) ⑥ 공용 통기관(common vent pipe)
　　 ⑦ 결합 통기관(yoke vent pipe)

67 배관 소재구의 크기에 대한 다음 물음에 답하시오.

① 배수관의 지름이 100mm 이하인 경우 소재구의 크기의 기준은 무엇인가?
② 배수관은 지름이 100mm를 초과하는 경우 소재구의 기준은 몇 mm의 크기인가?

해답 ① 배수관 지름과 동일한 크기
　　 ② 100mm

68 급수 배관법을 배관방식에 따라 분류하시오.

해답 (1) 상향식
　　 (2) 하향식
　　 (3) 상하 병용식

69 플러시 밸브(flush valve)에 필요한 최저수압은 몇 kg/cm^{3}인가?

해답 $0.7\,kg/cm^3$

70 옥상탱크식 급수법에서 물을 일단 수수탱크에 저장하는 직접적인 이유는 무엇인 가?

해답 펌프를 직결 운전하면 근처 직결 급수 사정이 나빠지기 때문이다.

71 압력탱크식 급수법에서 사용되는 탱크 부근의 부속 설비 3가지를 쓰시오.

해답 ① 수면계 ② 안전밸브 ③ 압력계 ④ 압력 스위치 ⑤ 배수밸브

72 깊은 우물물에 사용하는 펌프의 명칭을 쓰시오.

해답 수중 모터 펌프

73 급수 압력의 변동이 크고 물의 사용이 가장 불편한 급수방식은 무엇인가?

해답 압력 탱크식

74 펌프의 송수량이 80m³/min이고, 전양정 30m의 벌류트 펌프로 구동하는 데 필요한 동력은 몇 kW인가? (단, 펌프의 효율은 80%이다.)

해답 동력 $= \dfrac{\gamma QH}{102 \times 60 \times \eta} = \dfrac{1000 \times 80 \times 30}{102 \times 60 \times 0.8} = 490.19\,\mathrm{kW}$

75 급수 수평관의 지지 간격을 설명하시오.

해답 ① 20A 이하 : 1.8m   ② 25A~40A : 2m
③ 50A~80A : 3m   ④ 90A~150A : 4m
⑤ 200A 이상 : 5m

76 상수도 시설이 되어 있는 1, 2층 정도의 가정용 건축물에 이용하는 급수 방식은 어떤 종류인가?

해답 수도직결식

77 옥상탱크 급수법을 채용한 설비에서 오버플로관(over flow pipe) 지름과 양수관 지름의 관계를 설명하시오.

해답 오버플로관은 양수관의 2배의 관지름이어야 한다.

78 회전운동 펌프이며, 20m 이상의 고양정용에 사용되는 펌프의 명칭은 무엇인가?

해답 터빈 펌프

79 몇 m 이상을 깊은 우물이라고 하는가?

해답 7m 이상

80 일부 액의 압력이 그 온도에 상당하는 증기압력 이하가 되는 현상을 무엇이라 하는가?

해답 캐비테이션 현상

81 펌프의 전양정이 30m이며 유량이 1.5m³/min일 때 효율이 80%인 벌류트 펌프의 축동력은 몇 HP인가?

해답 축동력 $= \dfrac{\gamma QH}{75 \times 60 \times \eta} = \dfrac{1000 \times 1.5 \times 30}{75 \times 60 \times 0.8} = 12.5\,\mathrm{HP}$

82 절대습도에 관계있는 온도는?

해답 노점온도

83 병원 건물의 공기조화 시 가장 중요시해야 할 사항은?

해답 공기의 청정도

84 온도 30℃, 압력 4kg/cm²(abs)인 공기의 비체적은 얼마인가?

해답 $v = \dfrac{29.27 \times (273 + 30)}{4 \times 10^4} = 0.22\,\mathrm{m^3/kg}$

85 온도 20℃, 상대습도 65%의 공기를 30℃로 가열하면 상대습도는 몇 %가 되는가? (단, 20℃의 포화수증기압은 0.024kg/cm²이고, 30℃의 포화수증기압은 0.043 kg/cm²이다.)

해답 $\phi = \dfrac{P_w}{P_s} = \dfrac{0.65 \times 0.024}{0.043} = 0.3627 = 36.27\%$

86 에어 와셔(air washer)에서 수공기비란?

해답 수공기비 $= \dfrac{수량}{공기량}$

87 실내공기의 상대습도를 정확하게 측정하기 위해 보통 쓰이는 계기로서 적당한 것은?

해답 통풍식 건습계

88 상대습도 100%인 공기를 표현한 용어로 가장 적당한 것은?

해답 포화습공기

89 바이패스 팩터(bypass factor)란 무엇인가?

해답 접촉되지 못하고 통과하는 양

90 상대습도 50%, 냉방의 현열부하가 7500 kcal/h, 잠열부하가 2500 kcal/h일 때 현열비(*SHF*)는 얼마인가?

해답 $SHF = \dfrac{7500}{7500+2500} = 0.75$

91 10×8×3.5 m 크기의 방에 10명이 거주할 때 실내의 탄산가스 서한도를 0.1%로 하기 위해서는 외기도입량을 얼마로 하여야 하는가? (단, 외기의 탄산가스 함유량은 0.0005 m³/h, 1인당 탄산가스 발생량은 0.02 m³/h이다.)

해답 $Q = \dfrac{10 \times 0.02}{0.001 - 0.0005} = 400 \, \text{m}^3/\text{h}$

92 다음의 공기선도 상에서 상태점 A의 노점온도는 몇 ℃인가?

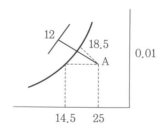

해답 14.5℃

93 다음은 냉각코일에서의 공기상태 변화를 나타낸 것이다. 이때 코일의 BF(Bypass Factor)를 표시하시오.

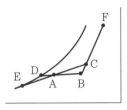

해답 $BF = \dfrac{EA}{EC}$

94 다음은 VAV(가변풍량 방식) 공기조화 방식에 사용 가능한 송풍기의 풍량 제어 방식이다. 동력 절감량과 제어범위 상 가장 우수한 특성을 지닌 것은?

해답 회전수 제어

95 냉방 시 공조기의 송풍량 계산과 관계있는 공조부하는?

해답 실내취득현열

96 가습장치 중 효율이 가장 좋은 가습 방법은?

해답 증기분무가습

97 다음과 같은 습공기 선도 상의 상태에서 외기부하를 나타내고 있는 계산식을 쓰시오.

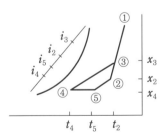

해답 $q_o = G(i_3 - i_2)$

98 에너지 절약에 가장 효과적인 공기조화 방식은 무엇인가? (단, 설비비는 고려하지 않는다.)

해답 가변 풍량 방식

99 혼합식을 이용하여 냉풍과 온풍을 자동 혼합하여 각 실내에 공급하는 공조 방식은?

해답 2중 덕트(double duct)

100 원심 송풍기의 풍량 제어 방법 중 풍량 제어에 의한 소요 동력을 가장 경제적으로 할 수 있는 방법은?

해답 회전수 제어

101 먼지 포집효율의 측정법에서 필터의 상류와 하류에서 흡입한 공기를 각각 여과지에 통과시켜 그 오염도를 광전관으로 측정하는 방법은?

해답 비색법(변색도법)

102 보일러 급수장치의 일종이며, 증기압과 수두압을 이용한 급수장치명을 쓰시오.

해답 환원기

103 보일러 급수내관의 설치위치를 간단히 쓰시오.

해답 보일러 안전저수위보다 50 mm 아래에 설치한다.

104 착화(점화, 파일럿) 버너에서 사용되는 착화용 연료의 종류 3가지를 쓰시오.

해답 경유, LPG(프로판가스), 도시가스

105 메인 탱크의 기름을 ① 서비스 탱크로 이송하기 위해 설치 사용하는 펌프와 ② 서비스 탱크의 기름을 압을 가하여 버너로 송유하는 펌프는 무엇인가?

해답 ① 오일 이송 펌프, ② 오일 압송 펌프

106 메인 탱크(스토리지 탱크, 주 기름 저장탱크)의 용량은 어느 정도인가?

해답 10~14일분 사용량의 기름을 저장할 수 있는 용량이어야 한다.

107 서비스 탱크의 설치목적을 간단히 쓰시오.

해답 기름의 예열시간을 단축하기 위하여

108 서비스 탱크의 용량은 어느 정도인가?

해답 2~3시간 정도 사용량의 기름을 저장할 수 있는 용량이어야 한다.

109 서비스 탱크의 기름온도는 어느 정도 유지되어야 하는가?

해답 323~333K(50~60℃) 정도로 유지해야 한다.

110 증기 보일러에서 발생되는 증기량은 무엇으로 산정하는가?

해답 급수량

111 비수방지관의 기능(역할)을 간단히 쓰시오.

해답 발생증기 속에 혼입되어 나가는 수분을 제거해 준다.

112 유(oil)예열기를 가열원에 따라 3가지로 분류하시오.

해답 전기식, 증기식, 온수식

113 유(oil)여과기의 역할(기능)을 간단히 설명하시오.

해답 기름 중에 포함된 이물질(찌꺼기 등)을 제거해 준다.

114 주증기관에 흐르는 유체명을 쓰시오.

해답 증기

115 비수방지관의 설치위치를 간단히 쓰시오.

해답 원통형 보일러 동(드럼) 상부 증기 취출구 입구에 설치한다.

116 연소의 3대 조건을 쓰시오.

해답 가연물, 산소(공기), 점화원(불씨)

117 고체 연료의 연소장치 3가지를 쓰시오.

해답 화격자(로스트), 스토커, 미분탄 버너

118 로터리(회전식) 버너에서 회전컵(무화컵, 분무컵)의 회전수는 어느 정도인가?

해답 3500~10000 rpm

119 오일 펌프의 종류 3가지를 쓰시오.

해답 기어 펌프, 원심 펌프, 스크루 펌프

120 가스여과기(gas strainer)의 역할(기능)을 간단히 설명하시오.

해답 가스 중에 포함된 이물질을 제거해 준다.

121 주증기 밸브(main steam valve)의 기능(역할)을 간단히 쓰시오.

해답 보일러에서 발생되는 증기를 증기 사용처에 공급 및 정지와 공급량을 조절해 준다.

122 덕트 단면을 흡음재로 작게 구획함으로써 이것을 방지하여 흡음효과를 크게 한 것으로 저음부의 소음효과는 내장 덕트와 같이 적은 흡음장치의 종류를 쓰시오.

해답 셀형(플레이트형)

123 단면 덕트의 급변에 의한 음의 반사, 체임버 내에서의 음에너지 밀도의 저하, 다공질 재료의 내장에 의한 흡음으로 감쇄효과를 내는 것으로 저음부의 소음효과가 적은 흡음장치의 종류를 쓰시오.

해답 흡음 체임버

124 분진의 미립자뿐만 아니라 세균, 미생물의 양까지 제한시킨 병원의 수술실, 제약 공장의 특별한 공정, 유전공학 등에 응용되는 클린룸의 명칭을 쓰시오.

해답 바이오 클린룸(BCR : Bio Clean Room)

125 고성능의 필터를 측정하는 방법으로 일정한 크기($0.3\mu m$)의 시험입자를 사용하여 먼지의 수를 계측하여 측정하는 여과효율 측정법의 명칭을 쓰시오.

해답 계수법(DOP법 : Di – Octyl Phthalate)

126 에어필터란 어떠한 유체(공기, 기름, 연료, 물, 기타)를 일정한 시간대에 일정한 용량을 일정한 크기의 입자로 통과시키는 기기를 말하며, 대기 중에 존재하는 분진을 제거하여 필요에 맞는 청정한 공기를 만들어내는 에어 필터의 종류 3가지를 쓰시오.

해답 ① 저성능 필터 　　② 중성능 필터
　　③ 고성능 필터 　　④ 초고성능 필터
　　⑤ 전기 집진식 필터

127 다공질 흡음재의 흡음성을 이용한 것이며, 다공질 흡음재의 특성상 고음부에는 효과가 있으나 저음부에는 소음효과가 적은 흡음장치의 종류를 쓰시오.

해답 내장 덕트

128 덕트의 직각 굴곡부분에서는 덕트벽으로 부터의 반사음과 진행음이 서로 간섭하여 감쇄효과가 생기는데, 이 부분에 다공질 흡음재를 내장하면 소음효과가 더욱 크게 되는 흡음장치의 종류를 쓰시오.

해답 엘보

129 공기 중의 부유분진, 유해가스, 미생물 등의 오염물질을 제어해야 하는 곳에 clean room이 이용되는데 청정 대상이 주로 분진(정밀 측정실, 전자산업, 필름공장 등)인 경우에 사용되는 클린룸의 명칭을 쓰시오.

해답 산업용 클린룸(ICR : Industrial Clean Room)

130 비교적 작은 입자를 대상으로 하며, 필터의 상류와 하류에서 포집한 공기를 각각 여과지에 통과시켜 그 오염도를 광전관으로 측정하는 여과효율 측정법의 명칭은 무엇인가?

해답 비색법(변색도법)

131 금액으로 환산하기 이전의 재료의 산출 수단과 경과를 나타내는 것을 무엇이라 하는가?

해답 적산

132 발주업무용 적산을 2종류로 분류하시오.

해답 ① 예산편성을 위한 적산
② 발주공사의 예정가격을 정하기 위한 적산
③ 설계 변경을 위한 적산
④ 정산을 위한 적산

133 공사 목적물의 완성에 직접적으로 소요되는 재료비와 배관공, 용접공 등 직접 공사에 참여하는 노무비뿐만 아니라 공사현장을 운영하기 위한 부수적으로 수반되는 관리비를 포함한 제경비를 무엇이라 하는가?

해답 공사원가

134 공사원가는 재료비, 노무비, (①), (②)와 이윤의 합계이다. ( ) 안에 알맞은 내용을 쓰시오.

해답 ① 경비   ② 일반관리비

135 적산으로 결과된 공사 요소를 금액적으로 확정 표시한 것을 의미하는 것을 무엇이라 하는가?

해답 견적

136 수주업무용 적산 4종류를 분류하시오.

해답 ① 공사 입찰을 위한 적산
② 계약용 제출 견적을 위한 적산
③ 실행 예산 편성을 위한 적산
④ 외주자 정산을 위한 적산

137 노무비는 직접노무비 + ( )로 구성된다. ( ) 안에 알맞은 내용을 쓰시오.

해답 간접노무비

138 간접노무비는 공사별 (①), (②)로 산출한다. ( ) 안에 알맞은 내용을 쓰시오.

해답 ① 기간별　② 난이도

139 배관 설비 부분에서 적산의 일반적인 방법 4가지를 쓰시오.

해답 ① 장비 설치 공사　　　　　② 기계실 배관 공사
③ 급수 · 급탕 · 환탕 배관 공사　④ 냉 · 난방 배관 공사
⑤ 위생기 설치 공사　　　　　⑥ 배수, 오수 및 통기 배관 공사

140 기계환기법의 3가지 방법에 대하여 설명하시오.

(1) 병용식(제1종 환기법)
(2) 압입식(제2종 환기법)
(3) 흡출식(제3종 환기법)

해답 (1) 병용식(제1종 환기법) : 송풍기 및 배풍기에 의한 환기법
(2) 압입식(제2종 환기법) : 송풍기만으로 환기하는 방식
(3) 흡출식(제3종 환기법) : 배풍기만으로 환기하는 방식

141 덕트 만곡부 내측 반경은 원칙적으로 장방형 덕트의 경우는 (①) 덕트 폭의 1/2 이상, (②) 덕트는 직경의 1/2 이상으로 한다. ( ) 안에 적당한 용어를 쓰시오.

해답 ① 반경방향　② 원형

142 사무실 체적이 9m×6m×3.5m, 환기횟수가 6회/h일 때 벽에 만드는 흡입구의 크기를 구하시오. (단, 흡입구는 2개로 하고 자유면적은 0.85, 흡입속도는 1.5m/s로 한다.)

해답 ① 흡입공기량 $Q = nV = 6 \times 9 \times 6 \times 3.5 = 1134 \, \text{m}^3/\text{h}$

② 1개당 흡입공기량은 $\dfrac{1134}{2} = 567 \, \text{m}^3/\text{h}$

③ 흡입구의 크기 $A = \dfrac{Q_o}{3600 r v_o} = \dfrac{567}{3600 \times 0.85 \times 1.5}$
$= 0.1235294 = 123.53 \times 10^{-3} \, \text{m}^2$

143 풍량 16000 m³/h를 풍속 9m/s로 운반하는 원형 덕트의 지름은 몇 cm인가?

해답 원형 덕트 지름 $D = \sqrt{\dfrac{4 \times 16000}{\pi \times 9 \times 3600}} = 0.7931\text{m} ≒ 79.31\text{cm}$

144 덕트의 단면을 변형시킬 때에는 급격한 변형을 피하고 점차적인 확대 또는 축소형으로 하며, 확대할 때는 경사 각도를 (　　), 축소할 때는 (　　)의 범위 이내로 한다.

해답 ① 15°　② 30°

145 방화 구획의 관통부에는 방화 댐퍼를 부착한다. 방화 구획부(벽체)에 방화 댐퍼가 설치되지 않는 경우에 방화 구획과 댐퍼 사이의 덕트는 (　　)로 한다. (　　) 안에 덕트의 치수와 재료를 쓰시오.

해답 1.6mm 이상의 강판제

146 냉방용 냉풍이나 난방용 온풍의 송풍 덕트는 보랭, 방로, 보온의 목적으로 덕트 전면에 걸쳐 (　　)한다. 다만, 외기 도입용 덕트나 배기 덕트에서 경로의 우려가 없는 경우에는 (　　)하지 않는다. 또한 환기 덕트는 주위 공기의 온·습도 상태에 따라서 (　　)을 하는 경우와 하지 않는 경우를 구분한다. (　　)에 적당한 공용어를 쓰시오.

해답 단열

147 덕트와 슬리브 사이의 간격은 (　①　) 이내로 한다. 덕트 슬리브와 고정 철판은 두께 (　②　) 강판재를 사용한다. 방화 구획 이외의 벽면을 관통하는 덕트의 틈새는 암면 이외의 불연재로 메운다. (　) 안에 적당한 숫자와 단위를 쓰시오.

해답 ① 2.5cm　② 0.9mm

148 덕트의 단열재료는 유리솜 보온판 2호, 24K, 그리고 암면 보온판 또는 보온대 1호가 사용되며, (　　) 두께는 일반적으로 덕트에는 25mm, 공조기, 송풍기 등에는 50mm가 적용된다. (　　)는 덕트의 접착제 또는 납땜으로 고정한 핀을 사용하여 부착하고 은폐 덕트에서는 그 위에 알루미늄 포일 페이퍼를 씌우고 다시 망으로 마감한다. (　　) 안에 적당한 공용어를 쓰시오.

해답 단열재

149 다음 수관식 보일러의 상부에 설치된 ⓐ와 ⓑ는 보일러 본체의 일부분이다. 각각의 명칭을 쓰시오. 또한 ⓐ 장치 내부에 들어있는 유체명 2가지를 쓰시오.

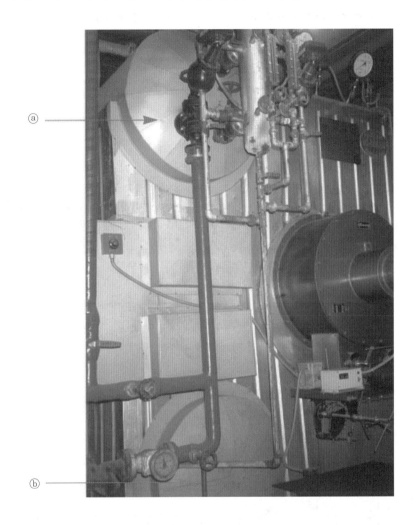

해답 (1) ⓐ의 명칭 : 기수 드럼

(2) ⓑ의 명칭 : 물 드럼(水 드럼)

(3) ⓐ 장치 내부에 들어있는 유체명 : ① 증기, ② 물

참고 ⓐ 장치에 설치하여 증기 속에 포함된 수분을 제거하는 장치는 기수분리기이다.

150 그림은 여름에는 냉수, 겨울에는 온수를 공급하여 냉·난방을 할 수 있는 장치로 개별제어가 가능한 공조기이다. 명칭을 쓰시오.

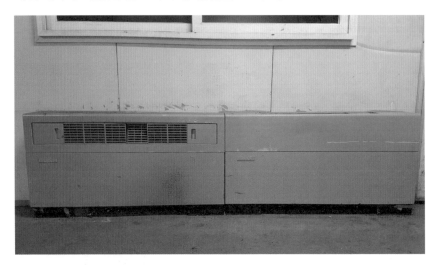

해답 팬코일 유닛(fan coil unit)

151 공기를 가열, 냉각 및 가습, 감습, 여과 등 공기의 온·습도를 조정하여 실내에 공급하는 장치이다. 명칭을 쓰시오.

해답 공기조화기(AHU : air handling unit)

152 화면의 보일러를 보고 이러한 보일러의 종류, 사용 연료, 발생 동력원(열원)을 쓰시오.

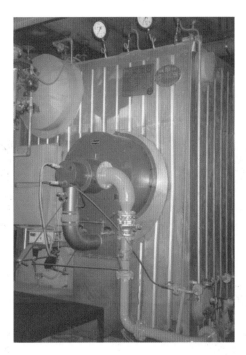

해답 (1) 보일러의 종류 : 수관 보일러(2동 D형 수관식 보일러)
    (2) 사용 연료 : 가스
    (3) 발생 동력원(열원) : 증기

153 그림에서 나타낸 장치의 명칭과 기능(역할)을 간단히 쓰시오. (단, 배관 내에는 도시가스가 통과한다.)

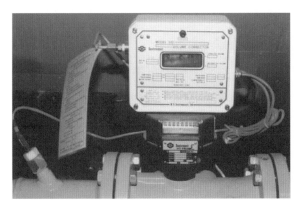

해답 (1) 명칭 : 가스미터
    (2) 기능(역할) : 가스 사용량을 측정할 수 있도록 한다.

154 다음 그림에 나타난 보일러는 드럼 없이 긴 수관으로만 구성된 보일러이다. 각 물음에 답하시오.

(1) 구조상 보일러의 종류는?

(2) 이 종류에 속하는 보일러의 종류 2가지만 쓰시오.

(3) 이 보일러의 특징 3가지만 쓰시오.

(4) 이 보일러의 증기발생 소요시간과 급수처리 관점에서 간단히 설명하시오.

해답 (1) 관류 보일러

(2) 벤슨 보일러, 슬저 보일러

(3) ① 관지름이 작은 수관으로만 구성되어 있으므로 고압용으로 적당하다.

② 순환비가 1이므로 드럼이 필요없다.

③ 증발속도가 빠르며 대용량에 적당하고 보일러 효율이 매우 높다.

④ 부하 변동에 응하기 어렵고 수위 조절이 매우 까다롭다.

⑤ 급수처리를 철저히 해야 한다.

⑥ 연소량 제어와 급수량 제어는 자동제어로 해야 한다.

(4) 보일러 가동 후 증기발생 소요시간은 3~5분 정도이며 급수처리가 매우 까다롭다.

155 그림에 나타낸 부품의 명칭을 각각 쓰고, 유체가 흐르는 방향을 설명하시오.

해답 (1) ⓐ 명칭 : 가스여과기   ⓑ 명칭 : 가스미터
(2) 부품 ⓐ(가스여과기)에서 부품 ⓑ(가스미터) 방향으로 흐른다.

156 다음 장치의 명칭을 각각 쓰시오.

해답 ⓐ : 가스전자밸브
ⓑ : 가스여과기
ⓒ : 가스정압기

157 다음 그림은 가스 보일러 부품들을 나타내고 있다. 각 부분의 명칭을 쓰시오.

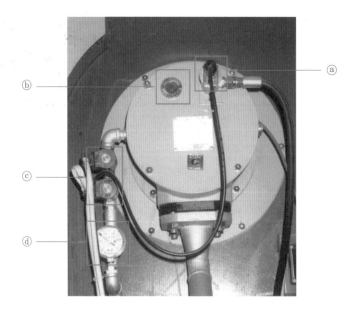

해답 ⓐ 착화(점화) 버너 ⓑ 투시구 ⓒ 가스전자밸브 ⓓ 가스압력계

참고 ① 가스전자밸브에 신호를 주는 장치에는 저수위 경보기, 압력제한기, 화염검
출기가 있다.
② 착화(점화) 버너의 기능은 주 버너에 착화를 시켜준다.

158 그림 (a), (b), (c), (d)는 트랩의 종류들이다. 각각 어떤 형식(종류)의 트랩인가?

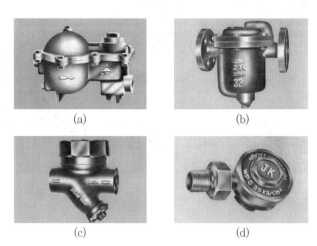

해답 (a) 플로트식 트랩   (b) 버킷식 트랩
(c) 디스크식 트랩   (d) 열동식(방열기) 트랩

159 다음 그림을 보고 각 물음에 답하시오.

(1) 그림 ⓐ는 다수의 관이다. 어떤 관인지 명칭을 쓰시오.
(2) 관과 보일러 형식으로 보아 어떤 종류의 보일러인가?
(3) 그림 ⓑ는 노통의 모양이다. 어떤 노통인가?
(4) 이러한 노통의 장점과 단점을 2가지씩 쓰시오.

해답 (1) 연관
(2) 노통 연관 보일러
(3) 파형 노통
(4) 장점 : ① 열에 의한 신축조절이 용이하다. ② 외압으로부터의 강도가 크다. ③ 평형 노통에 비해 전열면적이 크다.
단점 : ① 평형 노통에 비해 통풍저항을 많이 일으킨다. ② 청소·검사가 용이하지 못하다. ③ 제작이 어렵고, 제작비가 비싸다.

160 그림에 나타낸 부품의 명칭과 기능을 간단하게 쓰시오. (단, 이 보일러의 사용 연료는 도시가스이다.)

해답 (1) ⓐ 명칭 : 가스여과기, 기능 : 가스 속에 포함된 이물질을 제거해 준다.
(2) ⓑ 명칭 : 가스정압기, 기능 : 가스를 감압시켜 주며 가스의 압력을 일정하게 유지시켜 준다.
(3) ⓒ 명칭 : 가스차단장치, 기능 : 가스정압기 고장으로 가스 압력 초과 등 이상 발생시 가스 공급을 자동으로 차단시켜 준다.

161 다음의 장치는 온수를 만드는 장치이다. 물음에 답하시오.

(1) 명칭을 쓰시오.
(2) 상부 배관에 흐르는 유체명 2가지를 쓰시오.

해답 (1) 명칭 : 열교환기
　　　(2) 유체명 2가지 : ① 증기, ② 물

162 화면에 나타난 보일러는 형식으로 보아 각각 어떤 종류의 보일러인가를 쓰시오.

　　　(a)　　　　　　　　　(b)　　　　　　　　　(c)

해답 (a) : 수관 보일러, (b) : 관류 보일러, (c) : 주철제 보일러

163 다음 그림에서 ⓐ로 표시된 부속장치에 대하여 각 물음에 답하시오.

(1) 명칭을 적으시오.

(2) 이 장치를 설치함으로써 얻을 수 있는 이점 2가지를 쓰시오.

해답 (1) 증기 헤드(스팀 헤드)

(2) ① 송기 및 정지가 편리하다.

② 송기량 조절이 용이하다.

③ 급수요에 응하기 쉽다.

④ 열손실을 방지할 수 있다.

164 산소 용기 충전밸브에 부착된 안전밸브 형식은 무엇인가?

해답 파열판식 안전밸브

165 다음 그림에 나타낸 급수 펌프를 보고 각 물음에 답하시오.

(1) 어떤 종류의 펌프인가?

(2) 이 펌프의 특징 2가지를 쓰시오.

(3) 이 펌프의 작동원리를 간단히 쓰시오.

해답 (1) 벌류트 펌프

(2) ① 저압·저양정용 펌프이다.

② 가이드 베인(안내날개)이 없으며, 급수량이 적다.

(3) 임펠러의 고속회전에 의한 원심력으로 급수가 된다.

166 다음 밸브의 명칭을 쓰시오.

(1)

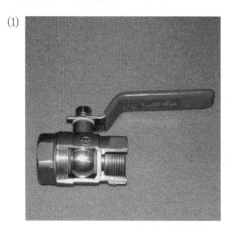

(2)

해답 (1) 볼 밸브

(2) 버터플라이 밸브

167 다음 그림을 보고 각 물음에 답하시오.

(1) 계기의 명칭을 쓰시오.
(2) 어떤 종류(형식)의 계기인가를 쓰시오.
(3) 이 계기의 기능을 간단히 쓰시오.
(4) 같은 원리로 작동되는 종류 2가지를 쓰시오.
(5) 이 계기의 눈금판 바깥지름은 몇 mm 이상이어야 하는가?
(6) 이 계기가 나타내는 최고(최대) 눈금은 장치 최고 사용압력의 몇 배 이상 몇 배 이하이어야 하는가?

해답 (1) 압력계
　　 (2) 부르동관식 압력계
　　 (3) 장치 내부의 압력을 측정하여 지시해 준다.
　　 (4) ① 벨로스식 압력계, ② 다이어프램식 압력계
　　 (5) 100mm
　　 (6) 1.5배 이상 3배 이하

168 다음 배관 부속의 명칭과 기능을 설명하시오.

해답 (1) 명칭 : 여과기(strainer)
　　 (2) 기능 : 배관에 설치되는 밸브, 트랩, 기기(機器) 등의 앞에 설치하여 이물질을 제거함으로써 기기의 성능을 유지하고 고장을 방지한다.

169 다음 그림은 압력계에 연결된 원형으로 구부러진 관의 사진이다. 각 물음에 답하시오.

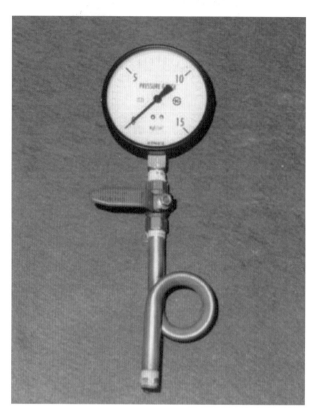

(1) 이 관의 명칭을 쓰시오.

(2) 원형 부분에 들어 있는 물질을 쓰시오.

(3) 이렇게 구부러져 있는 관의 설치 목적을 간단히 쓰시오.

(4) 이 관의 호칭지름은 몇 mm 이상이어야 하는가?

(5) 이 관을 한 바퀴 돌려 놓은 이유를 간단히 쓰시오.

해답 (1) 사이펀관

(2) 기체 또는 액체

(3) 고압력으로부터 압력계를 보호하기 위하여

(4) 6.5mm

(5) 관 내부에 기체 또는 액체가 항상 고여 있도록 하기 위함이다.

170 다음 그림에 나타낸 급수펌프를 보고 각 물음에 답하시오.

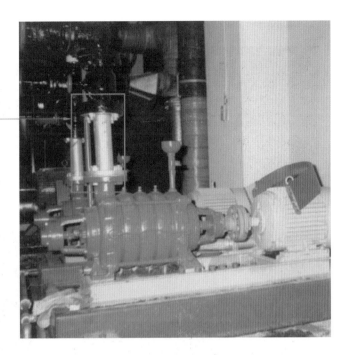

플렉시블 신축이음

(1) 어떤 종류의 펌프인가?

(2) 이 펌프의 특징 2가지를 쓰시오.

(3) 이 펌프와 작동원리가 같은 펌프의 종류 1가지를 쓰시오.

(4) 이 펌프는 내부에 임펠러와 안내 깃(가이드 베인)이 있는 구조의 펌프이다. 처음 가동할 때 어떤 조작을 해야 하는지 쓰시오.

해답 (1) 터빈 펌프

(2) ① 고압, 고양정용 펌프로 적합하다.

② 펌프효율이 높고 소형이며, 경량이다.

(3) 벌류트 펌프

(4) 플라이밍 작업을 해주어야 한다.

171 원심펌프 축봉장치에 메커니컬 실(mechanical seal)을 채택하는 경우 2가지를 쓰시오.

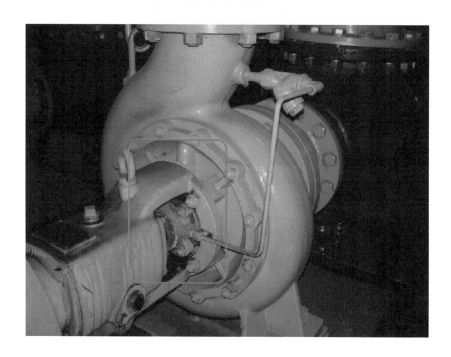

해답 ① 가연성 액화가스를 이송할 때
② 독성 액화가스를 이송할 때

참고 (1) 메커니컬 실(mechanical seal)의 종류 및 특징
① 내장형(inside type) : 고정면이 펌프측에 있는 것으로 일반적으로 사용된다.
② 외장형(outside type) : 회전면이 펌프측에 있는 것으로 구조재, 스프링재가 내식성에 문제가 있거나 고점도(100cP 초과), 저응고 점액일 때 사용한다.
③ 싱글 실형 : 습동면(접촉면)이 1개로 조립된 것
④ 더블 실형 : 습동면(접촉면)이 2개로 누설을 완전히 차단하고 유독액 또는 인화성이 강한 액일 때, 누설 시 응고액, 내부가 고진공, 보온 보랭이 필요할 때 사용한다.
⑤ 언밸런스 실 : 펌프의 내압을 실의 습동면에 직접 받는 경우 사용한다.
⑥ 밸런스 실 : 펌프의 내압이 큰 경우 고압이 실의 습동면에 직접 접촉하지 않게 한 것으로 LPG, 액화가스와 같이 저비점 액체일 때 사용한다.

 (2) 메커니컬 실 냉각법

  ① 플래싱 : 축봉부 고압측 액체가 있는 곳에 냉각액을 주입하는 방법으로 가장 많이 사용

  ② 퀜칭 : 냉각액을 실 단면의 내경부에 직접 접촉하도록 주입하는 냉각방법

  ③ 쿨링 : 실의 밀봉 단면이 아닌 그 외부를 냉각하는 방법으로 냉각효과가 낮다.

172 다음은 가스배관용 배관의 종류이다. 각각의 명칭을 쓰시오.

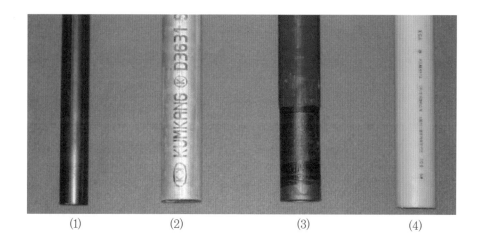

   (1)   (2)   (3)   (4)

해답 (1) 배관용 탄소강관 흑관

  (2) 배관용 탄소강관 백관(또는 아연도금강관)

  (3) 폴리에틸렌 피복강관(PLP관)

  (4) 가스용 폴리에틸렌관(PE관)

참고 (1) 가스배관 재료의 구비조건

   ① 관내의 가스 유통이 원활할 것

   ② 내부의 가스압, 외부의 하중에 견디는 강도를 가지는 것

   ③ 토양, 지하수 등에 대하여 내식성이 있을 것

   ④ 용접 및 절단가공이 용이할 것

   ⑤ 누설을 방지할 수 있을 것

   ⑥ 가격이 저렴할 것(경제성이 있을 것)

  (2) 매설배관에 사용할 수 있는 것 : 가스용 폴리에틸렌관, 폴리에틸렌 피복강관, 분말용착식 폴리에틸렌 피복강관

173 LPG 및 도시가스 사용 시설에 사용하는 부품의 명칭을 각각 쓰시오.

(1)

(2)

해답 (1) 퓨즈 콕
(2) 상자 콕

참고 (1) 종류 : 퓨즈 콕, 상자 콕, 주물연소기용 노즐 콕
(2) 구조
① 퓨즈 콕 : 가스유로를 볼로 개폐하고, 과류차단 안전기구가 부착된 것으로서 배관과 호스, 호스와 호스, 배관과 배관 또는 배관과 커플러를 연결하는 구조이다.
② 상자 콕 : 가스유로를 핸들, 누름, 당김 등의 조작으로 개폐하고, 과류차단 안전기구가 부착된 것으로서 밸브 핸들이 반개방 상태에서도 가스가 차단되어야 하며, 배관과 커플러를 연결하는 구조이다.
③ 주물연소기용 노즐 콕 : 주물연소기용 부품으로 사용하는 것으로 볼로 개폐하는 구조이다.
④ 업무용 대형 연소기용 노즐 콕 : 업무용 대형 연소기용 부품으로 사용하는 것으로 가스 흐름을 볼로 개폐하는 구조이다.
(3) 퓨즈 콕 표면에 표시된 Ⓕ1.2의 의미 : 과류차단 안전기구가 작동하는 유량이 $1.2m^3/h$이다.
(4) 과류차단 안전기구 : 퓨즈 콕이 설치된 호스 등이 파손에 의하여 가스가 누출할 때 이상 과다 가스 유량을 감지하여 가스를 차단하는 안전장치이다.

174 도시가스 정압기실에 대한 물음에 답하시오.

(1) 지시하는 부분의 기기 명칭을 쓰시오.

(2) ①번과 ③번 기기의 분해·점검 주기에 대하여 쓰시오.

(3) 정압기의 작동상황 점검주기는 얼마인가?

해답 (1) ① 정압기

　　　② 긴급차단장치 (또는 긴급차단밸브)

　　　③ 정압기 필터

(2) ① 정압기 : 2년에 1회 이상

　③ 정압기 필터 : 가스 공급 개시 후 1개월 이내, 가스 공급 개시 후 매년 1회 이상

(3) 1주일에 1회 이상

참고 가스사용 시설 (단독사용자 시설)의 정압기 및 필터 점검주기 : 설치 후 3년 까지는 1회 이상, 그 이후에는 4년에 1회 이상

175 다음 배관 부속의 명칭을 쓰시오.

(1)

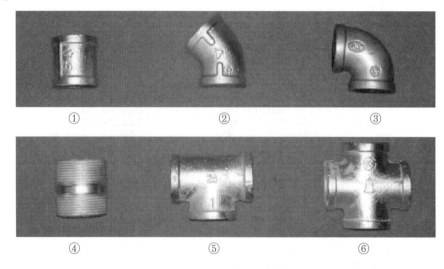

(2)

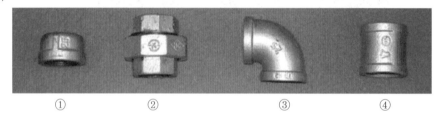

해답 (1) ① 소켓 ② 45° 엘보 ③ 90° 엘보 ④ 니플 ⑤ 티 ⑥ 크로스
(2) ① 캡 ② 유니언 ③ 90° 엘보 ④ 소켓

참고 사용 용도에 의한 관 이음쇠의 분류
① 배관의 방향을 전환할 때 : 엘보(elbow), 벤드(bend)
② 관을 도중에 분기할 때 : 티(tee), 와이(Y), 크로스(cross)
③ 동일 지름의 관을 연결할 때 : 소켓(socket), 니플(nipple), 유니언(union)
④ 이경관을 연결할 때 : 리듀서(reducer), 부싱(bushing), 이경 엘보, 이경 티
⑤ 관 끝을 막을 때 : 플러그(plug), 캡(cap)
⑥ 관의 분해, 수리가 필요할 때 : 유니언, 플랜지

176 화면에 나타난 (a), (b) 밸브의 명칭과 용도를 간단히 쓰시오.

(a)   (b)

해답 (1) 명칭 : (a) 앵글 밸브, (b) 글로브 밸브

  (2) 용도

    (a) 유체 흐름 방향을 90°로 바꾸어 주는 밸브로서 주 증기 밸브 및 급수
     정지 밸브로 사용한다.

    (b) 기밀도가 좋으며 기체배관에 유량조절용 밸브로 사용한다.

177 다음 밸브의 명칭과 특징 4가지를 쓰시오.

해답 (1) 명칭 : 슬루스 밸브 (또는 게이트 밸브, 사절밸브)

  (2) 특징

    ① 유로 개폐용에 사용된다.

    ② 관내 마찰저항 손실이 적다.

    ③ 유량 조정용 밸브로 부적합하다.

    ④ 찌꺼기가 체류해서는 안 되는 난방배관용에 적합하다.

필답형 예상문제

178 지시하는 부분은 LPG 저장탱크 배관에 설치된 기기이다. 물음에 답하시오.

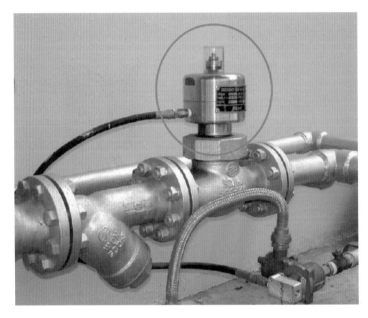

(1) 명칭을 쓰시오.

(2) 동력원의 종류 4가지를 쓰시오.

(3) 이 설비(기기)의 조작스위치(조작밸브)는 저장탱크 외면으로부터 몇 m 이상 떨어져 설치하여야 하는가?

해답 (1) 긴급차단장치(또는 긴급차단밸브)

(2) ① 액압 ② 기압 ③ 전기식 ④ 스프링식

(3) 5m 이상

참고 (1) 긴급차단장치 차단조작기구 설치 장소

① 안전관리자가 상주하는 사무실 내부

② 충전기 주변

③ 액화석유가스의 대량 유출에 대비하여 충분히 안전이 확보되고 조작이 용이한 곳

(2) 긴급차단장치의 개폐 상태를 표시하는 시그널 램프 등을 설치하는 경우 그 설치 위치는 해당 저장탱크의 송출 또는 이입에 관련된 계기실 또는 이에 준하는 장소로 한다.

(3) 긴급차단장치 또는 역류방지밸브에는 그 차단에 따라 그 긴급차단장치 또는 역류방지밸브 및 접속하는 배관 등에서 워터 해머(water hammer)가 발생하지 아니하는 조치를 강구한다.

179 다음은 배관에 설치되는 밸브의 한 종류이다. 물음에 답하시오.

(1) 이 밸브의 명칭을 쓰시오.
(2) 이 밸브의 기능(역할)을 설명하시오.
(3) 이 밸브의 종류 2가지와 배관에 설치할 수 있는 경우를 설명하시오.

해답 (1) 체크 밸브 (역류방지 밸브)
　　 (2) 유체 흐름의 역류를 방지한다.
　　 (3) ① 스윙식 : 수평, 수직 배관에 설치
　　　　 ② 리프트식 : 수평 배관에 설치

180 화면에 보이는 밸브는 체크 밸브이다. (1) 스윙식과 리프트식을 기호로 적고, (2) 수직배관에서 사용할 수 없는 체크 밸브와 수직 및 수평배관에서 모두 사용할 수 있는 체크 밸브를 기호로 적으시오.

(a)　　　　　　　　　　　　　　　　(b)

해답 (1) ① 스윙식 : (a)　 ② 리프트식 : (b)
　　 (2) ① 수직배관에서 사용할 수 없는 것 : (b)
　　　　 ② 수직 및 수평배관에서 모두 사용할 수 있는 것 : (a)

181 화면에 나타난 밸브의 (1) 명칭을 쓰고, (2) 용도 설명에 해당되는 밸브의 기호를 각각 쓰시오.

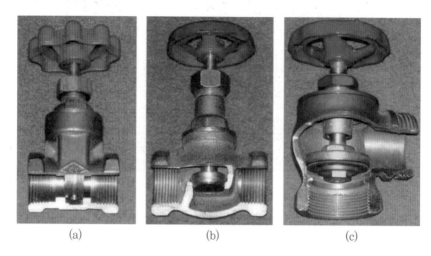

(a)   (b)   (c)

해답 (1) (a) : 게이트 밸브, (b) : 글로브 밸브, (c) : 앵글 밸브
(2) ① 유료개폐용으로 사용한다 : (a)
    ② 유량조절용으로 사용한다 : (b)
    ③ 유체의 흐름 방향을 90°로 바꾸는 데 사용한다 : (c)

182 다음 밸브의 명칭과 특징 4가지를 쓰시오.

해답 (1) 명칭 : 글로브 밸브(스톱 밸브, 옥형밸브)
(2) 특징
    ① 유량 조정용에 적합하다.
    ② 유체의 저항이 크다.
    ③ 유체의 흐름 방향과 평행하게 개폐된다.
    ④ 찌꺼기가 체류할 가능성이 크다.

183 다음 그림을 보고 각 물음에 답하시오.

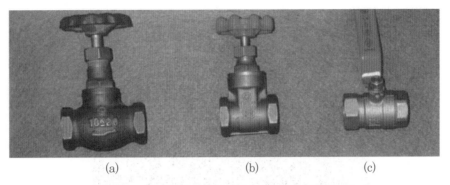

(a)   (b)   (c)

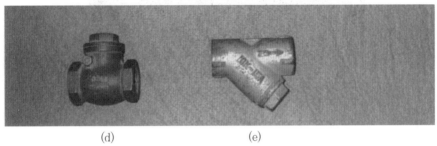

(d)   (e)

(1) 부품들의 명칭을 각각 쓰시오.

(2) 부품 (d)와 (e)는 어떤 형식인가?

(3) 부품 (a)와 (b)의 특징을 각각 2가지씩 쓰시오.

(4) 부품 (a)와 (b)의 용도를 각각 간단히 쓰시오.

해답 (1) (a) : 글로브 밸브, (b) : 게이트 (슬루스) 밸브, (c) : 볼 밸브(볼 콕),
   (d) : 체크 밸브, (e) : 여과기 (스트레이너)

 (2) (d) : 스윙식, (e) : Y형

 (3) (a) ① 유량 조절이 용이하다.
    ② 기밀도가 크다.
    ③ 기체배관에 적당하다.
    ④ 마찰저항이 크며, 찌꺼기가 체류하기 쉽다.
  (b) ① 유량 조절이 용이하지 못하다.
    ② 기밀도가 적다.
    ③ 액체배관에 적당하다.
    ④ 마찰저항이 작으며, 찌꺼기가 체류할 우려가 적다.

 (4) (a) : 유량조절용 밸브로 사용한다.
  (b) : 유로개폐용 밸브로 사용한다.

184 다음 그림은 공기조화기(AHU) 출구에 설치되는 원심식 송풍기이다. 원심식 송풍기의 회전수를 n에서 n'로 변화시켰을 때 각 변화에 대해 답하시오.

송풍기(fan)

(1) 정압의 변화
(2) 풍량의 변화
(3) 축마력의 변화

해답 (1) 정압의 변화 : $P' = \left(\dfrac{n'}{n}\right)^2 P$, 즉 회전수 변화량의 제곱에 비례한다.

(2) 풍량의 변화 : $Q' = \dfrac{n'}{n} Q$, 즉 회전수 변화량에 비례한다.

(3) 축마력의 변화 : $L' = \left(\dfrac{n'}{n}\right)^3 L$, 즉 회전수 변화량의 3승에 비례한다.

185 다음 그림은 소형 냉동장치에서 과부하시에 전동기를 정지시켜서 보호하는 장치이다. 명칭을 쓰시오.

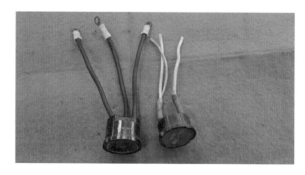

해답 과전류 보호 릴레이(over load current relay)
OL＝OC＝OR＝OCR로 표기한다.

186 다음 그림에 나타낸 장치를 보고 각 물음에 답하시오.

공기 덕트 —

(1) 장치의 명칭을 쓰시오.

(2) 장치의 기능(역할)을 쓰시오.

(3) 어떤 종류(형식)인가?

(4) 이 장치의 특징 2가지를 간단히 쓰시오.

(5) 원심식 송풍기의 종류 3가지를 쓰시오.

(6) 송풍기 풍압은 회전수의 몇 제곱에 비례하는가?

해답 (1) 명칭 : 송풍기

(2) 기능(역할) : 보일러 연소실에 연소용 공기를 공급해 준다.

(3) 터보형 송풍기

(4) ① 풍압이 높고 효율이 높다. ② 압입 통풍방식에 적당하다.

(5) ① 터보형 송풍기 ② 플레이트형 송풍기 ③ 다익형 송풍기

(6) 2제곱

필답형 예상문제

187 다음은 종래에 사용하던 제어반 내의 릴레이, 타이머, 카운터 등의 기능을 프로그램으로 대체하고자 만들어진 전자응용기기이다. 다음 물음에 답하시오.

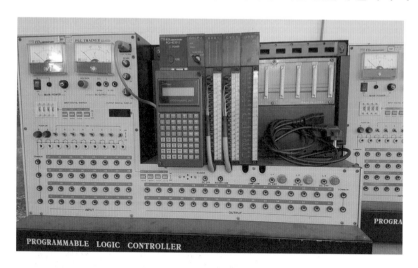

(1) 명칭을 쓰시오.

(2) 특징을 쓰시오.

(3) 장점을 쓰시오.

해답 (1) 명칭 : PLC 장치(programmable logic controller)

(2) 특징 : 고집적도 IC를 조립한 일종의 마이크로컴퓨터(micro-computer)이다. 유접점 시퀀스를 포함해서 "I(또는 H)"과 "O(또는 L)"을 취급하는 논리회로로 구성된 것인데 논리회로의 연산을 전문으로 하는 컴퓨터 기술이 시퀀스에 채택되어 PLC가 만들어진 것이다.

(3) 장점

① 소프트웨어의 융통성

② 납기단축 및 고기능화

③ 보수의 용이성

④ 신뢰성의 향상

⑤ 마이크로프로세서와의 직접 연결

⑥ 높은 경제성 및 표준화

⑦ 배선 및 설치의 용이성

188 공기조화 장치의 냉·난방, 냉동·냉장 설비 등에서 일정한 온도를 유지하게 장치를 ON/OFF시키는 기기 명칭과 종류를 쓰시오.

해답 (1) 명칭 : 온도조절기 (thermo control)
     (2) 종류 : ① 바이메탈식 TC ② 증기압력식 TC ③ 전기저항식 TC

189 다음 전동기에 전원을 공급하는 MC(전자접촉기) 하단에 부착된 기기 명칭과 하는 역할을 쓰시오.

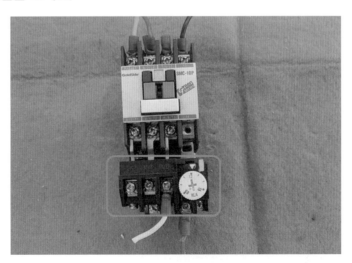

해답 (1) 명칭 : 열동식 과전류 계전기 (THR)
     (2) 역할 : 전동기에 과전류가 흐를 때 기기를 보호하기 위하여 전자접촉기를 차단시키는 역할을 한다.

참고 THR이 작동되면 재기동을 하기 위하여는 리셋버튼(푸시버튼)을 눌러야 한다.

190 다음은 전동기를 기동 정지하기 위하여 전원을 자동으로 개·폐하는 장치이다. 명칭은 무엇인가?

해답 전자접촉기 (electro magnetic controller)

191 다음 전기 자동제어 설비의 부품명을 쓰시오.

(1)

(2)

(3)

해답 (1) 타이머 (한시계전기)
(2) 8 pin 릴레이
(3) 11 pin 릴레이

192 다음 기기는 전동기 기동 시 기동력을 증가시키고 운전 중에 역률을 개선하는 장치이다. 명칭을 쓰시오.

(1)

(2)

(3)

해답 (1) 기동 콘덴서(start capacitor : 페이퍼형)

(2) 진상 콘덴서(phase capacitor : 페이퍼형)

(3) 진상 콘데서(phase capacitor : 오일형)

참고 기동용 커패시터는 외형이 폴리에틸렌 염화비닐로 피복되어 있고 진상용 커패시터는 피복이 없다. 오일형은 외형 모양이 납작한 형태이다.

193 전원 공급 설비의 주회로 입구에서 전기를 공급 차단하는 기기 명칭을 쓰고 작동 원리를 설명하시오.

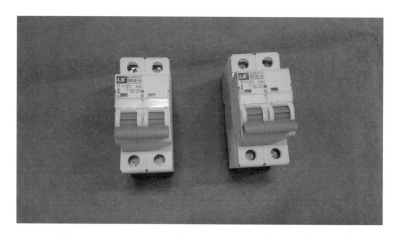

해답 (1) 명칭 : 노퓨즈 브레이커(NFB)
(2) 역할 : 전기설비의 과부하에 의한 과전류가 흐를 때 전원을 차단하여 설비를 보호한다.

194 하나의 기기에 여러 가지 측정을 할 수 있도록 된 측정기로 직류·교류전압, 직류 전류, 저항, 트랜지스터의 극성 및 양부 판별, 데시벨 측정 등이 가능한 기기 명칭을 쓰시오.

해답 멀티테스터(multi tester) 또는 회로시험기(circuit tester)

195 다음은 교류전압, 전류, 저항 등을 측정하는 계측기기이다. 명칭을 쓰시오.

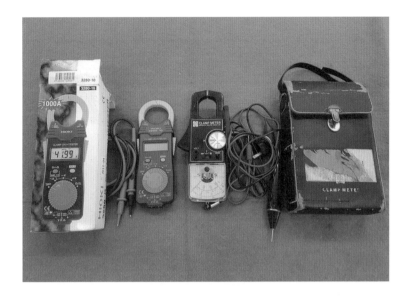

해답 클램프미터(clamp meter) 또는 훅미터

196 다음은 접지저항 측정기이다. 접지저항이란 무엇인가?

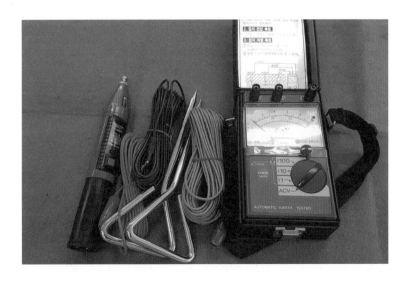

해답 동판이나 동봉과 같은 접지전극과 대지간의 접촉저항

필답형 예상문제

197 다음은 사람에 따라 듣기에 불쾌하거나 싫다고 느끼는 음압레벨을 측정하는 계측기 명칭을 쓰시오.

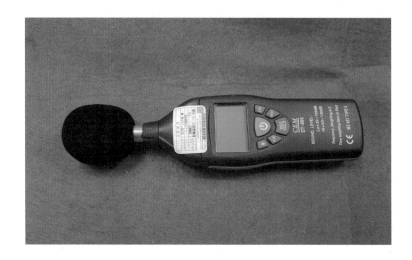

해답 소음측정기 (mine sound lever meters)

198 다음은 어떤 면소에 투사하는 광속을 면소의 넓이로 제한하여 측정하는 것으로 단위는 럭스이다. 기기 명칭을 쓰시오.

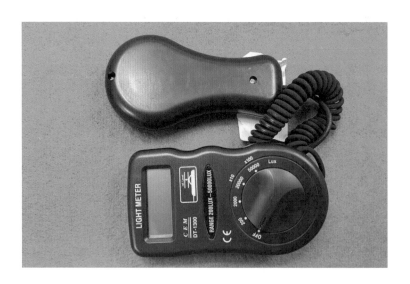

해답 조도측정기 (lux light meter)

199 다음은 공기조화 장치의 냉동·보일러 설비에서 발생되는 열의 크기를 외부에서 측정하는 계측기이다. 명칭을 쓰시오.

해답 표면온도측정기 (infrared thermo meter)

200 다음은 연료의 연소 등에 의해서 생기는 열의 양을 측정하는 계측기의 명칭을 쓰시오.

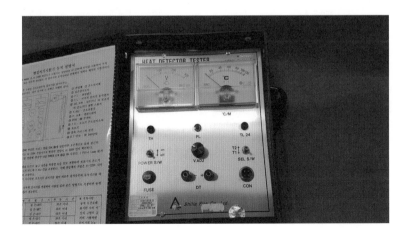

해답 열감지기 (heat detector tester)

201 다음 그림은 연소로 인한 연기를 감지하는 연기감지기(smoke detector tester)이다. 역할을 쓰시오.

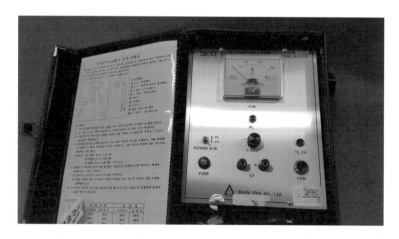

해답 연기를 감지하여 화재에 의해 열이 발생하기 전에 사고를 발견하는 장치이다.

202 소형 밀폐형 냉장고에 사용되는 압축기의 전동기(moter)에 부착되는 릴레이(relay)에 대하여 물음에 답하시오.

전류형 릴레이(current type relay)

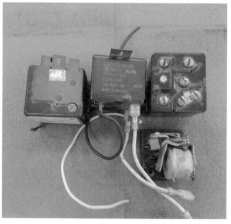
전압형 릴레이(voltage type relay)

(1) 릴레이의 역할
(2) 릴레이의 종류

해답 (1) 역할 : 전동기가 정상 작동의 회전속도에 도달했을 때 전동기의 기동권선(starting coil)을 차단시켜 주는 자동스위치 장치이다.
　　(2) 종류 : ① 전류형 릴레이　　　　　② 전압형 릴레이
　　　　　　　　③ 전열식 릴레이(hotwire relay)　　④ 원심형 릴레이

203 다음 화면에 나타나는 기기의 명칭을 쓰시오.

필답형 예상문제

해답 수평형 공조기

204 다음 공조기의 명칭을 쓰시오.

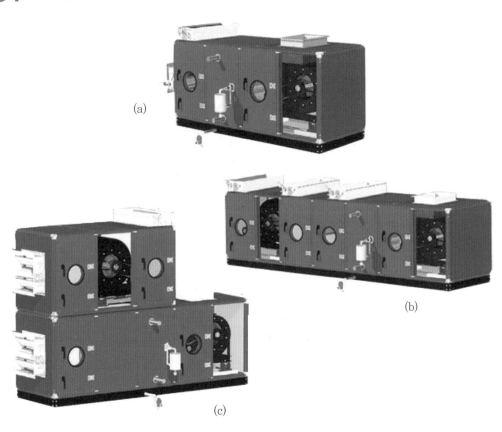

(a)

(b)

(c)

해답 (a) 수평형 공조기, (b) 일체형 공조기, (c) 복합형 공조기

205 다음 공조기의 명칭을 쓰시오.

해답 천장 매립(밀폐형) 공조기

206 다음 송풍기의 명칭을 쓰시오.

해답 원심형 송풍기

207 다음 펌프의 명칭을 쓰시오.

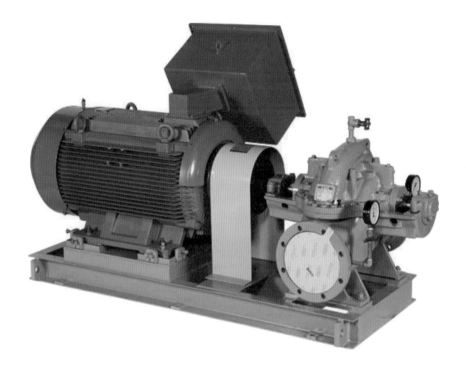

해답 양흡입형 벌류트 펌프

208 다음 기기의 명칭을 쓰시오.

해답 원심형 펌프

209 다음 그림은 어떤 종류의 방열기인지 쓰시오.

해답 주형 방열기(column radiator)

해설 주형 방열기는 1절(section)당 표면적으로 방열면적을 나타내며 2주, 3주, 3세주형, 5세주형의 4종류가 있다.

210 다음 방열기의 명칭을 쓰시오.

해답 벽걸이형 방열기(wall radiator)

해설 가로형과 세로형 2가지의 방열기가 있다.

211 다음 방열기의 명칭을 쓰시오.

해답 알루미늄 방열기

212 다음 취출구의 명칭을 쓰시오.

해답 노즐형 취출구(nozzle diffuser)

해설 분기 덕트에 접속하여 급기하는 것으로 도달거리가 길고 구조가 간단하며, 소음이 적고 토출풍속 5m/s 이상으로도 사용된다. 실내공간이 넓은 경우 벽에 부착하여 횡방향으로 토출하고 천장이 높은 경우 천장에 부착하여 하향 토출할 때도 있다.

213 다음 취출구의 명칭을 쓰시오.

해답 펑커 루버(punka louver) 취출구

해설 선박 환기용으로 제작된 것으로 목을 움직여서 토출 기류의 방향을 바꿀 수 있으며 토출구에 달혀 있는 댐퍼로 풍향 조절도 쉽게 할 수 있다.

214 다음 취출구의 명칭을 쓰시오.

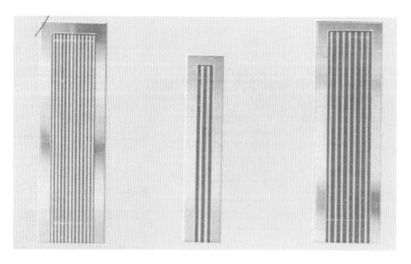

해답 라인형 취출구(line type diffuser)

해설 브리즈 라인(breeze line)형, 캄 라인(calm line)형, T-라인형, 슬롯(slot)형, 다공판(multi vent)형 등이 있다.

215 다음 취출구 (1), (2)의 명칭을 쓰시오.

(1)

(2)

해답 (1) 원형팬 취출구

(2) 각형팬 취출구

해설 복류형 취출구로 천장의 덕트 개구단의 아래쪽에 원형 또는 각형의 판을 달아서 토출풍량을 부딪히게 하여 천장면에 따라서 수평으로 공기를 보내는 것이다.

216 다음 취출구 (1), (2)의 명칭을 쓰시오.

(1)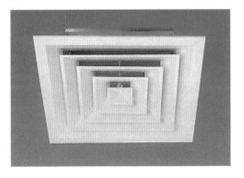

(2)

해답 (1) 각형 아네모스탯 취출구

(2) 원형 아네모스탯 취출구

해설 팬형의 결점을 보강한 것으로 천장 디퓨저라 한다(확산 반경이 크고 도달거리가 짧다).

필답형 예상문제

217 다음 흡입 취출구의 명칭을 쓰시오.

해답 그릴(grille)

해설 흡입구, 토출구에 셔터(shutter)가 없는 것이다.

218 다음 그림은 바닥에 설치하는 흡입구이다. 명칭을 쓰시오.

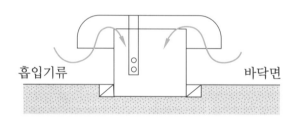

흡입기류   바닥면

해답 머시룸(mushroom)형 흡입구

해설 바닥 설치형으로 버섯모양의 흡입구로서 바닥면의 오염공기를 흡입하도록
되어 있고 바닥먼지도 함께 흡입하기 때문에 필터와 냉각코일을 더럽히므로
먼지를 침전시킬 수 있는 저속 기류의 세틀링 체임버(settling chamber)를
갖추어야 한다.

219 다음 배관신축 이음쇠의 명칭을 쓰시오.

해답 슬리브형 신축 이음쇠(sleeve type expansion joint)

해설 50A 이하는 청동제의 나사형 이음쇠이고, 65A 이상은 본체의 일부 또는 전부가 주철제로 슬리브관은 청동제이며 신축량은 50~300mm 정도이다.

220 다음 배관신축 이음쇠의 명칭을 쓰시오.

해답 벨로스형 신축 이음쇠(bellows type expansion joint)

해설 설치공간을 넓게 차지하지 않고 고압배관에 부적당하며, 벨로스는 부식되지 않는 스테인리스 제품을 사용하고 신축량은 6~30mm 정도이다.

221 다음 배관신축 이음쇠의 명칭을 쓰시오.

해답 볼 조인트 신축 이음쇠

해설 평면상의 변위뿐만 아니라 입체적인 변위까지도 안전하게 흡수하여 볼 이음
쇠를 2개 이상 사용하면 회전과 기울임이 동시에 가능하다.

222 다음 주철관의 이음방법을 쓰시오.

해답 기계적 접합(mechanical joint)

해설 150mm 이하의 수도관용으로 소켓 접합과 플랜지 접합의 장점을 취한 방법
이다.

223 다음 배관이음쇠의 명칭을 쓰시오.

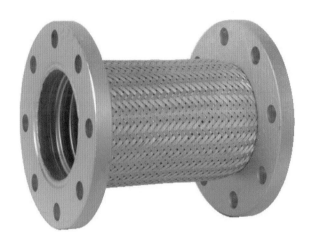

해답 플렉시블 이음
해설 기기의 진동이 배관이나 다른 기기에 전달되는 것을 방지한다.

224 다음 밸브의 명칭을 쓰시오.

해답 다이어프램 밸브(diaphragm valve)
해설 산 등의 화학약품을 차단하는 경우에 내약품, 내열 고무제의 다이어프램 밸브 시트에 밀착시키는 것으로 유체의 흐름에 대한 저항이 적어 기밀용으로 사용한다.

225 다음 배관 정면도를 보고 |보기| 중에서 해당되는 평면도를 고르시오.

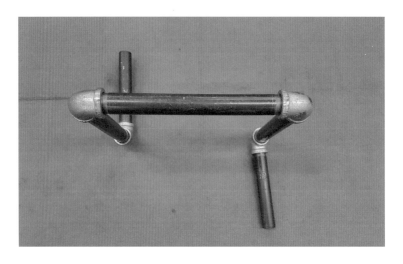

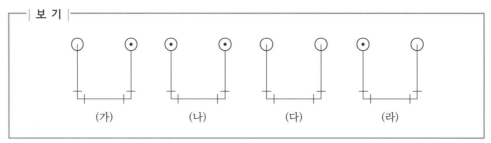

해답 (라)

해설 다음은 평면 배관 설비이다.

평면 배관 설비와 같이 왼쪽은 오는 엘보, 오른쪽은 가는 엘보이므로 (라)이다. (가)는 왼쪽이 가는 엘보, 오른쪽이 오는 엘보, (나)는 양쪽 모두 오는 엘보, (다)는 양쪽 모두 가는 엘보이다.

226 실제 배관설비를 보고 |보기| 중 해당하는 평면도는 어느 것인가?

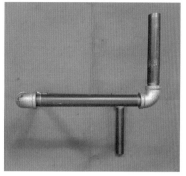

정면도   우측면도

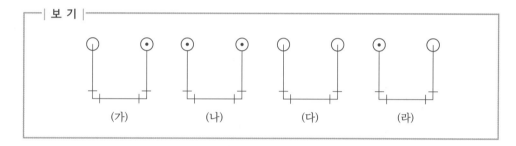

해답 (가)

해설 다음은 평면 배관 설비이다.

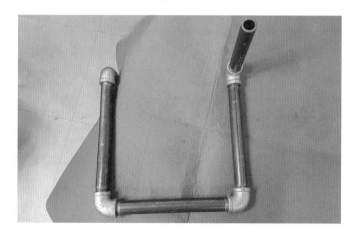

평면 배관 설비와 같이 왼쪽은 가는 엘보, 오른쪽은 오는 엘보이므로 (가)이다. (나)는 양쪽 모두 오는 엘보, (다)는 양쪽 모두 가는 엘보, (라)는 왼쪽이 오는 엘보, 오른쪽이 가는 엘보이다.

필답형 예상문제

227 다음 도면의 실제 배관 평면도를 찾으시오.

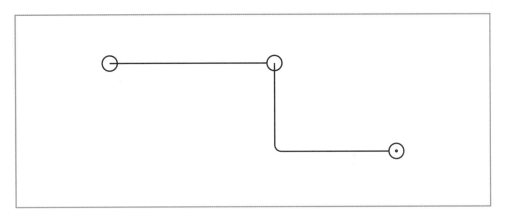

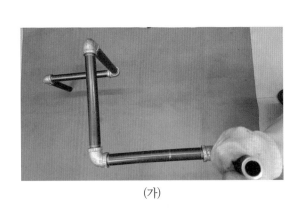

(가)

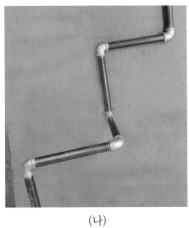

(나)

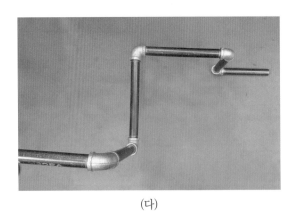

(다)

(라)

해답 (가)

228 타이머를 이용한 3상 유도전동기의 정·역 운전회로 결선도이다. 동작상태를 설명한 내용의 (　　)에 적당한 용어를 도면을 보고 답하시오.

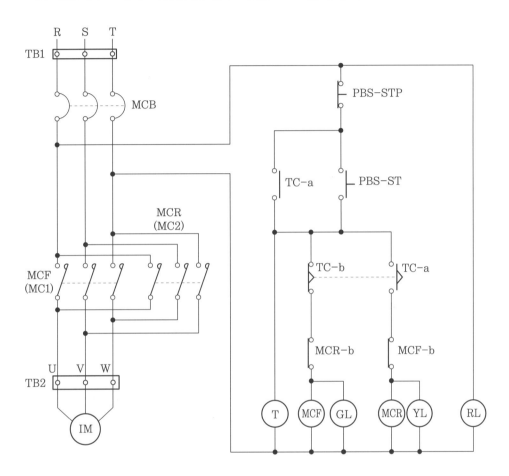

1. 푸시버튼 스위치(PBS-ST)에 의해 전동기를 정회전시킨 후 표시등 (①)이 점등되고 t초 후에 타이머에 의해 자동적으로 역회전하며 표시등 (②)이 점등되고 (①)은 소등된다.
2. 푸시버튼 스위치(PBS-STP)에 의해 운전 중 정지시킬 수 있고 동작하는 등(GL, YL)은 (③)되고 RL은 계속 (④)되어 있다(RL은 (⑤) 표시등이다).

해답 ① GL ② YL ③ 소등 ④ 점등 ⑤ 전원

229 타이머를 이용한 3상 유도전동기의 정·역 운전회로 결선도이다. 동작상태를 설명한 내용의 (   )에 적당한 용어를 도면을 보고 답하시오.

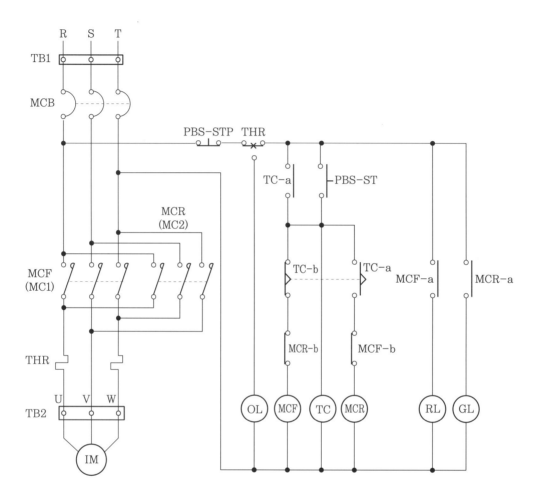

1. 푸시버튼 스위치(PBS-ST)에 의해 전동기를 정회전시킨 후 표시등 (①)이 점등되고 t초 후에 타이머에 의해 자동적으로 역회전하며 표시등 GL이 (②)되고 RL은 (③)된다.
2. 푸시버튼 스위치(PBS-STP)에 의해 운전 중 정지시킬 수 있고 과부하시 전동기가 자동 정지되며 표시등 (④)이 점등된다.

해답 ① RL   ② 점등   ③ 소등   ④ OL

230 다음 회로도에 대한 동작 상태를 설명한 내용의 (   )에 적당한 용어를 도면을 보고 답하시오.

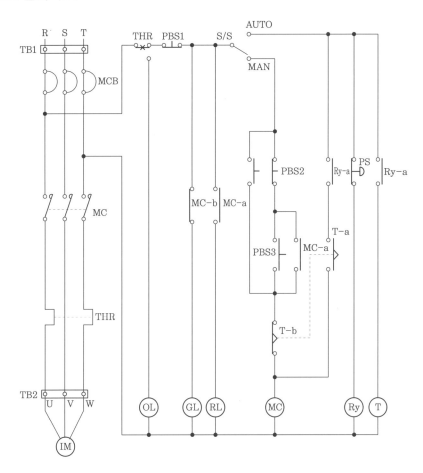

1. 전원을 넣으면 GL이 점등된다.
2. SS의 위치를 M상태로 한다.
  ㉠ PBS2를 누르고 있을 때만 MC에 의하여 전동기가 운전되며 (①)은 소등 (②)이 점등된다.
  ㉡ PBS3을 누르면 MC가 (③)되고 전동기가 운전된다. 이때 GL은 소등, RL은 점등된다.
3. SS의 위치를 A 상태로 하면 Ry의 접점에 의해 T에 전원이 투입되고 t초 후 MC가 여자되며 전동기가 운전된다. 이때 GL은 (④)되고 RL은 (⑤)된다. 전동기 운전에 의하여 압력이 어느 정도 가해지면 PS(압력 스위치) 접점이 떨어져 전동기 회로가 차단되고 다시 압력이 떨어지면 앞의 상태가 계속 반복된다.
4. PBS1을 누르면 모든 동작은 정지된다.
5. 과부하로 인하여 THR(과부하 계전기)가 동작되면 전동기회로는 (⑥)되고 OL이 점등된다.

해답 ① GL ② RL ③ 자기유지 ④ 소등 ⑤ 점등 ⑥ 차단

231 다음 회로도에 대한 동작상태를 설명한 내용의 (　　)에 적당한 용어를 도면을 보고 답하시오.

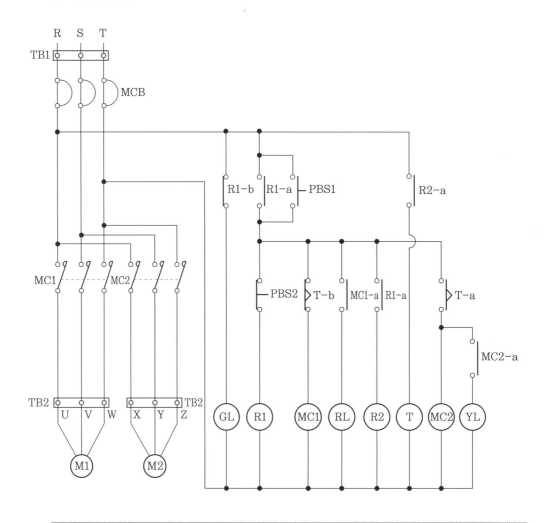

1. 전원을 통전시키면 GL이 (①)된다.
2. PBS1을 누르면 R1이 (②)되어 GL이 소등되고 자기유지가 되면 MC1이 여자되어 정회전하고 (③)이 점등되며 또한 R2가 여자되어 T에 통전된다.
3. t초 후에 타이머 접점이 전환되어 MC1의 전원이 차단되고 MC2가 여자되어 역회전을 하며 RL은 소등되고 (④)이 점등된다.
4. PBS2를 누르면 R1의 전원이 차단되어 장치가 (⑤)되고 YL이 소등되며 GL이 점등된다.

해답 ① 점등 ② 여자 ③ RL ④ YL ⑤ 정지

232 다음 회로도는 유도전동기 고정자 권선 및 제어장치이다. 운전, 정지의 동작상태를 설명한 내용의 (   )에 적당한 용어를 도면을 보고 답하시오.

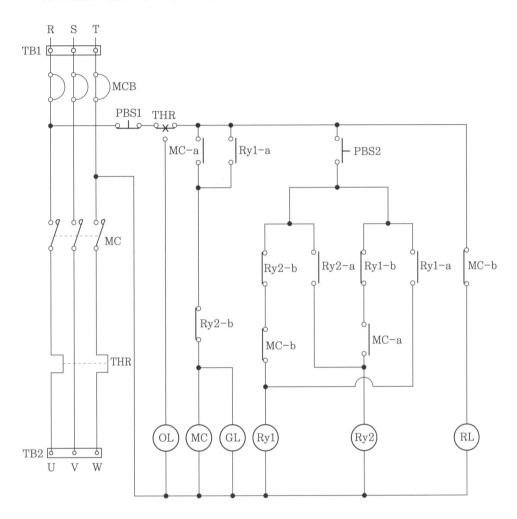

1. 운전

　　PBS2를 누르면 R1이 동작되어 MC가 여자되어 작동되고 MC−b에 의해서 (①)이 소등되고 MC−a에 의해서 (②)이 점등된다.

2. 정지

　㉠ PBS1을 누르면 전원이 차단되어 (③)가 소등되고 정지된다.

　㉡ PBS2를 누르면 R2가 동작되어 R2−b 접점이 열려 MC 동작이 해제되고 RL은 점등되고 GL은 소등된다.

해답 ① RL ② GL ③ 램프

233 다음 회로도는 유도전동기 고정자 권선 및 제어장치이다. 운전, 정지의 동작상태를 설명한 내용의 ( )에 적당한 용어를 도면을 보고 답하시오.

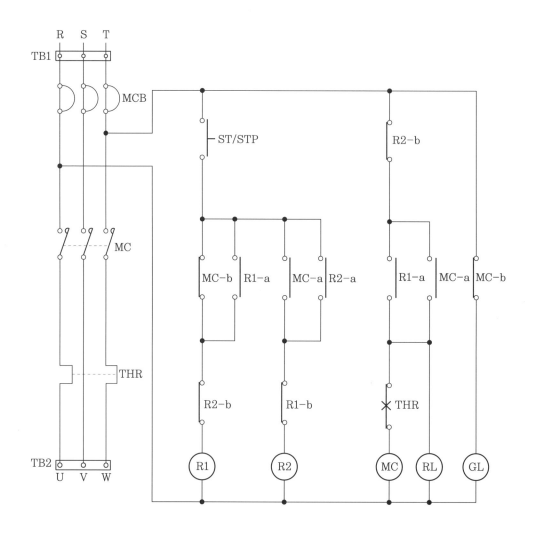

1. 운전
    기동 정지용 ST/STP 스위치를 누르면 R1이 동작되어 MC가 여자되어 작동되고 MC-a에 의해 (①)이 소등되고 (②)이 점등된다.
2. 정지
    ST/STP 스위치를 누르면 R2가 동작되어 R2-b 접점이 열려 MC 동작이 해제되고 (③)이 소등되며 (④)이 점등된다.

해답 ① GL ② RL ③ RL ④ GL

제 3 편

실기 작업형 문제

실기 과제명 : 동관작업

실기 과제명 : 동관작업

1 ○- 수험자 유의사항

※ 시험시간 : 2시간 35분

(1) 요구사항

지급된 재료를 사용하여 도면과 같은 배관작업을 하시오. (단, 수험자는 작업 중에 구멍을 뚫고 접속시키는 부분이 있을 때에는 구멍을 뚫은 후 반드시 시험위원의 확인을 받아야 한다.)

- 용접 시에는 용접봉을 사용하여 용접해야 하나, 필요 시 제살용접도 가능하다.
- 시험 종료 후 작품의 기밀여부를 감독위원으로부터 확인받아야 한다.

(2) 수험자 유의사항

① 수험자 인적사항 및 답안작성은 검은색 필기구만 사용해야 하며, 그 외 연필류, 유색 필기구, 지워지는 펜 등을 사용한 답안은 채점하지 않으며 0점 처리된다.

② 시험시간 내에 작품을 제출하여야 한다.

③ 실기시험은 동관작업(40점) 및 필답형(60점)으로 구분 시행한다.

④ 수험자는 시험위원의 지시에 따라야 한다.

⑤ 수험자가 지참한 공구와 지정된 시설만을 사용하며, 안전수칙을 준수하여야 한다.

⑥ 수험자는 시험시작 전 지급된 재료의 이상유무를 확인 후 지급 재료가 불량품일 경우에만 교환이 가능하고, 기타 가공, 조립 잘못으로 인한 파손이나 불량 재료 발생 시 교환할 수 없으며, 지급된 재료만을 사용하여야 한다.

⑦ 재료의 재 지급은 허용되지 않으며, 잔여재료는 작업이 완료된 후 작품과 함께 동시에 제출하고 작업대 주위를 깨끗하게 청소하여야 한다.

⑧ 수험자 지참공구목록에 명시되어 있지 않은 공구 및 도구는 사용이 불가하다. 특히, 용접용 지그(턴 테이블(회전형)형, 강관부 압연강판(엽전)의 내·외접용 등) 사용 불가

⑨ 시험(동관작업 및 필답형) 전 과정에 응시하지 아니하거나, 응시하더라도 동관작업 점수가 0점 또는 채점 대상 제외 사항에 해당되는 경우 불합격 처리된다.

⑩ 시험 중 수험자는 반드시 안전수칙을 준수해야 하며, 작업 복장 상태, 공구 정리 정돈, 안전 보호구 착용 등 안전수칙 준수는 채점 대상이 된다.

⑪ 다음 사항은 실격에 해당하여 채점 대상에서 제외된다.

  ㈎ 수험자 본인이 수험 도중 시험에 대한 포기의사를 표하는 경우

  ㈏ 실기시험 과정 중 1개 과정이라도 불참한 경우

  ㈐ 시험시간 내 작품을 제출하지 못했을 경우

  ㈑ 치수오차가 한 부분이라도 ±10mm를 초과한 경우

  ㈒ 각 용접부에 용접 이외의 작업을 했을 경우(각 용접부 이외의 개소에 용접한 경우 포함)

  ㈓ 기밀시험($3kg/cm^2$)에서 기밀이 유지되지 않은 경우(용접부, 플레어 접속부 등)

  ㈔ 지급된 재료 이외의 다른 재료를 사용했을 경우

  ㈕ 도면과 상이한 작품인 경우

2 지급 재료 목록

번호	재료명	규격	단위	수량	비고
1	일반배관용 탄소강관 (흑파이프)	25A×110	개	1	
2	일반구조용 압연강판	$\phi 26 \times t2.0$	장	1	
3	일반구조용 압연강판	$\phi 34 \times t2.0$	장	1	
4	동관 (연질)	3/8″(인치)×1400	개	1	
5	동관 (연질)	1/2″(인치)×550	개	1	
6	플레어 너트	1/2″(인치) 동관용	개	2	
7	니플 (플레어 볼트)	1/2″(인치) 동관용	개	1	
8	모세관	$\phi 2.0 \times 60$	개	1	
9	가스 용접봉	$\phi 2.6 \times 500$	개	1	
10	은납 용접봉	$\phi 2.4 \times 500$	개	1	
11	3구멍 분배관		개	1	
12	붕사	황동 용접용	g	15	
13	황동 용접봉	$\phi 2.4 \times 450$	개	1	

3 ○─ 도면

(1) 도면 A

자격종목	공조냉동기계산업기사	과제명	동관작업	척도	N.S

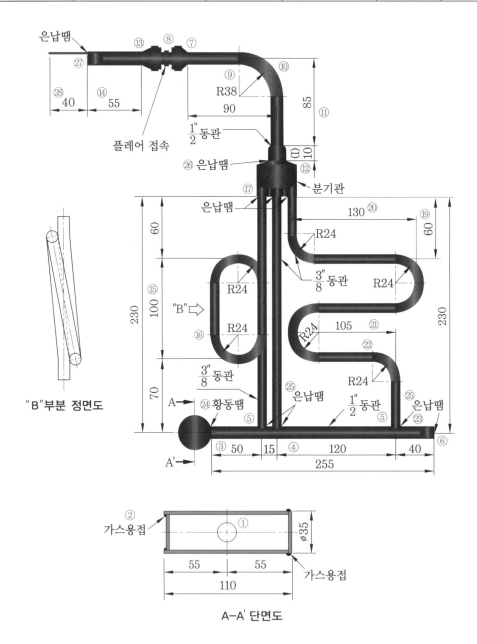

A-A' 단면도

(2) A도면 작업순서와 작업방법

① 철관에 주어진 치수로 마킹 후 구멍을 뚫는다.

② 철관에 엽전 용접을 한 후 공기 중에서 서랭시킨다. (❖ 주의사항 : 엽전이 용접되는 방향에 주의)

③ 1/2″ (은부) 동관 끝에서 5mm 정도 커터로 마킹한 후 50mm를 마킹한다.

④ 순차적으로 15mm, 120mm, 40mm를 마킹 후 커터로 230mm를 확인한 후 절단한다.

⑤ 동관을 블록에 고정한 후 마킹된 지점에 평줄 및 원형줄을 이용하여 구멍을 뚫고 다듬는다.

⑥ 도면을 숙지한 후 플라이어로 동관 끝을 오그린 후 평줄을 이용하여 다듬는다.

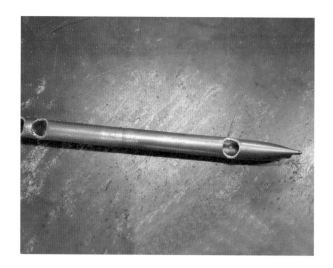

⑦ 플레어 너트를 1/2″ 동관에 끼운 다음 블록에서 2mm 정도 나오게 고정한 후 리머 및 평줄로 관 내면 및 끝면의 거스러미를 제거한 후 플레어링을 낸다.

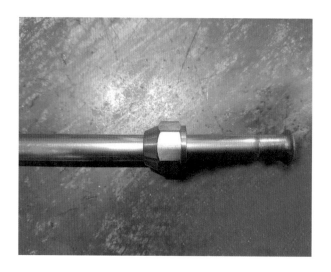

⑧ 니플에 플레어 너트를 몽키와 스패너를 이용하여 조립한다.

⑨ 플레어 너트 끝부분을 기준으로 벤딩(R38)이 시작되는 지점을 마킹한다.

⑩ 벤더(R38용)의 0° 지점에 마킹 지점을 맞춘 후 90° 벤딩을 한다. (치수 계산 : 90 − 38＝52mm)

⑪ 벤딩된 동관의 중심선을 찾아 85mm 및 스웨징 부분 10mm(실제는 12mm 정도) 지점에 마킹 후 커터로 절단한다. (치수 계산 : 85＋10＋2＝97mm)

⑫ 블록에서 12mm 정도 나오게 고정한 후 리머, 평줄로 관 내면 및 끝면의 거스러미를 제시한 후 스웨징을 낸다.

⑬ ⑦번, ⑧번과 같은 방법으로 플레어를 낸 후 조립한다.

⑭ 플레어 너트 끝부분을 기준으로 55mm를 마킹한 후 커터로 절단한다.

⑮ 3/8″ 동관 끝면에 5mm 정도 마킹 후 180° 벤딩이 시작되는 지점을 마킹 후 180° 벤딩을 한다. (치수 계산 : 100+70+5−24=151mm)

⑯ 180° 벤딩된 동관의 중심선을 찾아서 다시 180° 벤딩이 시작되는 지점을 마킹 후 180° 벤딩을 한다. (치수 계산 : 100−24=76mm)

❖ 주의사항

정상적으로 벤딩이 안 되므로 "B부분 정면도"를 숙지한 후 동관이 벤더 위로 올라오도록 한 후 벤딩 후 동관을 들어올려서 벤더를 빼내고, 두 동관의 틈새가 5mm가 넘지 않고 동관이 직선이 되도록 교정하여 준다.

⑰ 180° 벤딩된 동관의 중심선을 찾아 분기관에 조립되는 지점을 마킹한 후 분기관 삽입길이 정도 크게 절단한다. (치수 계산 : 100+60+분기관 삽입길이(x)= 160x[mm])

⑱ 가운데 동관을 1/2″ 동관에 삽입되는 치수를 감안하여 커터를 이용하여 기준선을 잡은 후 분기관에 조립되는 치수를 감안하여 절단한다. (치수 계산 : 230+5+분기관 삽입길이(x)=235x[mm])

⑲ 분기관에 조립되는 치수(x)를 마킹 후 90° 벤딩이 시작되는 지점을 마킹 후 90° 벤딩을 한다. (치수 계산 : 60−24=36mm)

⑳ 중심선을 찾아 180° 벤딩이 시작되는 지점을 마킹 후 180° 벤딩을 한다. (치수 계산 : 130−24=106mm)

㉑ 중심선을 찾아 다시 180° 벤딩이 시작되는 지점을 마킹 후 180° 벤딩을 한다. (치수 계산 : 벤딩이 끝난 지점에서 다음 벤딩이 완료된 중심선까지의 길이가 105mm이므로, 현재 180° 벤딩이 완료된 중심선에서 다음 180° 벤딩이 시작되는 지점까지의 길이는 105mm가 된다.)

㉒ 중심선을 찾아 90° 벤딩이 시작되는 지점을 마킹 후 90° 벤딩을 한다. (치수 계산 : 105−24=81mm)

㉓ 중심선을 찾아 1/2″ 동관 외면까지의 치수를 계산하여 마킹 후 5mm 정도 크게 절단한다. (치수 계산 : 230+5−(60+48+48)=79mm)

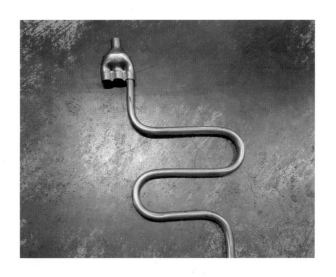

❖ 주의사항

벤딩이 완료된 동관은 형태가 뒤틀려 있으므로, 용접 전 모양 및 치수를 확인하여 도면과 동일하게 모양을 교정하여 준다.

㉔ 1/2″ 동관을 철관에 꽂아 황동(신주)용접을 한 후 물에 급랭시킨다.

❖ 주의사항

큰 엽전이 앞쪽에 오도록 한 후 1/2″ 동관을 세워 꽂으면 동관에 가공된 구멍이 왼쪽을 향하도록 한다.

㉕ 벤딩된 3/8″ 동관을 제 위치에 조립한 후(분기관까지) 은납용접을 한다.

㉖ 분기관에 스웨징 가공을 한 부분을 조립하여 은납용접을 한다.

㉗ 플레어를 다시 한 번 조여 준 후 도면과 같이 모세관을 끼워 오그린 후 은납용접을 한다.

㉘ 모세관 치수를 맞추어 칼을 이용하여 절단한다.

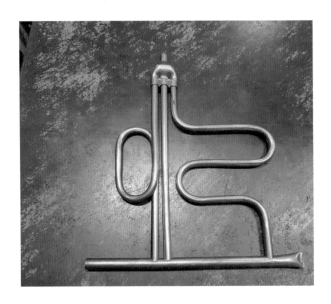

㉙ 전체 모양을 바로 잡아주고 치수를 도면과 확인한 후 검사관에게 제출한다.

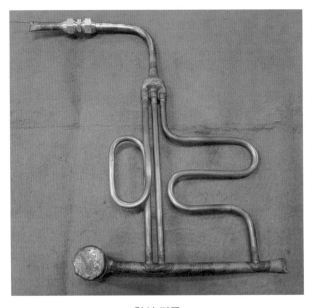

완성 작품

(3) 도면 B

자격종목	공조냉동기계산업기사	과제명	동관작업	척도	N.S

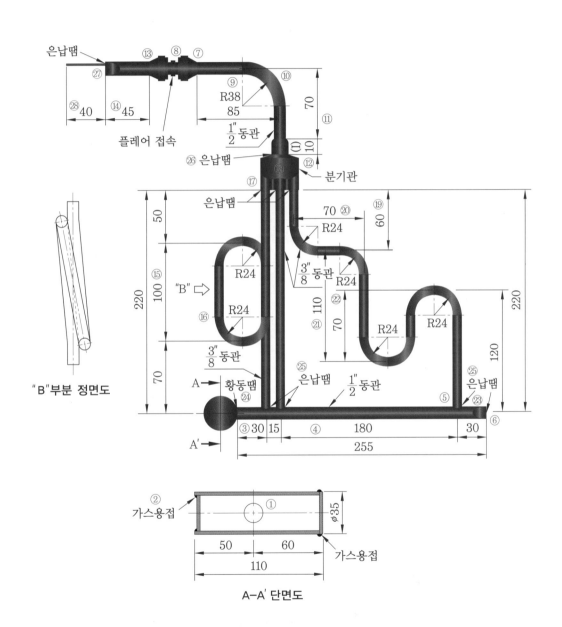

"B"부분 정면도

A–A' 단면도

(4) B도면 작업순서와 작업방법

① 철관에 주어진 치수로 마킹 후 구멍을 뚫는다.

② 철관에 엽전 용접을 한 후 공기 중에서 서랭시킨다. (❖ 주의사항 : 엽전이 용접되는 방향에 주의)

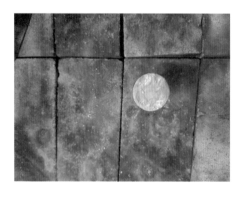 

③ 1/2″ (은부) 동관 끝에서 5mm 정도 커터로 마킹한 후 30mm를 마킹한다.

④ 순차적으로 15mm, 180mm, 30mm를 마킹 후 커터로 255mm를 확인한 후 절단한다.

⑤ 동관을 블록에 고정한 후 마킹된 지점에 평줄 및 원형줄을 이용하여 구멍을 뚫고 다듬는다.

⑥ 도면을 숙지한 후 플라이어로 동관 끝을 오그린 후 평줄을 이용하여 다듬는다.

⑦ 플레어 너트를 1/2″ 동관에 끼운 다음 블록에서 2mm 정도 나오게 고정한 후 리머 및 평줄로 관 내면 및 끝면의 거스러미를 제거한 후 플레어링을 낸다.

⑧ 니플에 플레어 너트를 몽키와 스패너를 이용하여 조립한다.

⑨ 플레어 너트 끝부분을 기준으로 벤딩(R38)이 시작되는 지점을 마킹한다.

⑩ 벤더(R38용)의 0° 지점에 마킹 지점을 맞춘 후 90° 벤딩을 한다. (치수 계산 : 85－38＝47mm)

⑪ 벤딩된 동관의 중심선을 찾아 70mm 및 스웨징 부분 10mm (실제는 12mm 정도) 지점에 마킹 후 커터로 절단한다. (치수 계산 : 70＋10＋2＝82mm)

⑫ 블록에서 12mm 정도 나오게 고정한 후 리머, 평줄로 관 내면 및 끝면의 거스러미를 제시한 후 스웨징을 낸다.

⑬ ⑦번, ⑧번과 같은 방법으로 플레어를 낸 후 조립한다.

⑭ 플레어 너트 끝부분을 기준으로 45mm를 마킹한 후 커터로 절단한다.

⑮ 3/8″ 동관 끝면에 5mm 정도 마킹 후 180° 벤딩이 시작되는 지점을 마킹 후 180° 벤딩을 한다. (치수 계산 : 100+70+5−24=151mm)

⑯ 180° 벤딩된 동관의 중심선을 찾아서 다시 180° 벤딩이 시작되는 지점을 마킹 후 180° 벤딩을 한다. (치수 계산 : 100−24=76mm)

❖ 주의사항

정상적으로 벤딩이 안 되므로 "B부분 정면도"를 숙지한 후 동관이 벤더 위로 올라오도록 한 후 벤딩 후 동관을 들어올려서 벤더를 빼내고, 두 동관의 틈새가 5mm가 넘지 않고 동관이 직선이 되도록 교정하여 준다.

⑰ 180° 벤딩된 동관의 중심선을 찾아 분기관에 조립되는 지점을 마킹한 후 분기관 삽입길이 정도 크게 절단한다. (치수 계산 : 100+50+분기관 삽입길이(x)=150x[mm])

⑱ 가운데 동관을 1/2″ 동관에 삽입되는 치수를 감안하여 커터를 이용하여 기준선을 잡은 후 분기관에 조립되는 치수를 감안하여 절단한다. (치수 계산 : 220+5+분기관 삽입길이(x)=225x[mm])

⑲ 분기관에 조립되는 치수(x)를 마킹 후 90° 벤딩이 시작되는 지점을 마킹 후 90° 벤딩을 한다. (치수 계산 : 60−24＝36mm)

⑳ 중심선을 찾아 90° 벤딩이 시작되는 지점을 마킹 후 90° 벤딩을 한다. (치수 계산 : 70−24＝ 46mm)

㉑ 중심선을 찾아 다시 180° 벤딩이 시작되는 지점을 마킹 후 180° 벤딩을 한다. (치수 계산 : 벤딩이 끝난 지점에서 다음 벤딩이 완료된 중심선까지의 길이가 110mm이므로, 현재 180° 벤딩이 완료된 중심선에서 다음 180° 벤딩이 시작되는 지점까지의 길이는 110mm가 된다.) (치수 계산 : 110−24＝86mm)

㉒ 중심선을 찾아 180° 벤딩이 시작되는 지점을 마킹 후 180° 벤딩을 한다. (치수 계산 : 70−24＝46mm)

㉓ 중심선을 찾아 1/2″ 동관 외면까지의 치수를 계산하여 마킹 후 5mm 정도 크게 절단한다. (치수 계산 : 120＋5＝125mm)

❖ 주의사항

벤딩이 완료된 동관은 형태가 뒤틀려 있으므로, 용접 전 모양 및 치수를 확인하여 도면과 동일하게 모양을 교정하여 준다.

㉔ 1/2″ 동관을 철관에 꽂아 황동(신주)용접을 한 후 물에 급랭시킨다.

❖ 주의사항

　큰 엽전이 앞쪽에 오도록 한 후 1/2″ 동관을 세워 꽂으면 동관에 가공된 구멍이 왼쪽을 향하도록
한다.

㉕ 벤딩된 3/8″ 동관을 제 위치에 조립한 후(분기관까지) 은납용접을 한다.

㉖ 분기관에 스웨징 가공을 한 부분을 조립하여 은납용접을 한다.

㉗ 플레어를 다시 한 번 조여 준 후 도면과 같이 모세관을 끼워 오그린 후 은납용접을
한다.

㉘ 모세관 치수를 맞추어 칼을 이용하여 절단한다.

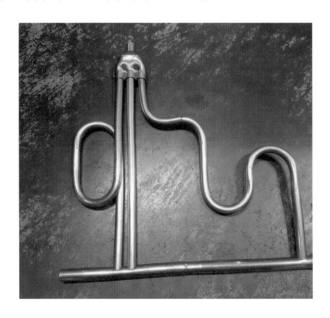

㉙ 전체 모양을 바로 잡아주고 치수를 도면과 확인한 후 검사관에게 제출한다.

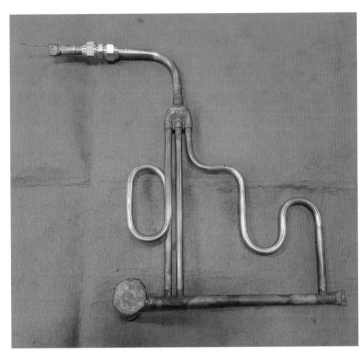

완성 작품

부록

실전 모의고사

◆ 여기에 수록된 문제는 실제 출제되었던 기출문제를 재구성하여 수록하였으므로 참고하여 공부하시기 바랍니다.

공조냉동기계산업기사 실기

제1회 실전 모의고사

■ 이 문제는 실제 출제되었던 기출문제를 재구성하여 수록하였으므로 참고하시기 바랍니다.

01 실제 배관설비를 보고 |보기| 중 해당하는 평면도는 어느 것인가?

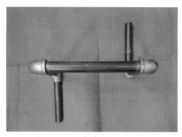

정면도

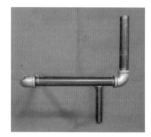

우측면도

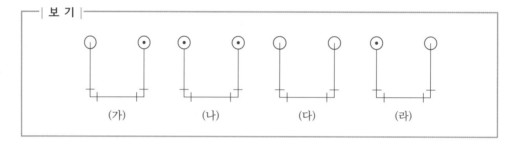

해답 (가)

해설 다음은 평면 배관 설비이다.

평면 배관 설비와 같이 왼쪽은 가는 엘보, 오른쪽은 오는 엘보이므로 (가)이다.
(나)는 양쪽 모두 오는 엘보, (다)는 양쪽 모두 가는 엘보, (라)는 왼쪽이 오는 엘
보, 오른쪽이 가는 엘보이다.

02 다음 배관부속품의 명칭을 쓰시오.

(1)   (2)   (3)   (4)

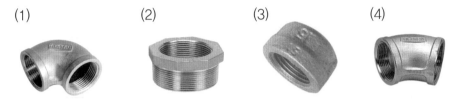

해답 (1) 90°엘보   (2) 부싱   (3) 캡   (4) 45° 엘보

03 다음 그림의 명칭과 설치 장소를 서술하시오.

해답 (1) 명칭 : 팬형 취출구(fan diffuser)
      (2) 설치 장소 : 천장

참고 (1) 천장의 덕트 개구단 아래쪽에 원형 또는 원추형의 판을 달아서 토출풍량
      을 부딪히게 하여 천장면에 따라서 수평으로 공기를 보내는 것이다(팬의
      위치를 상하로 이동시켜 조정이 가능하고 유인비 및 발생 소음이 적다).
      (2) 취출구 설치 모형

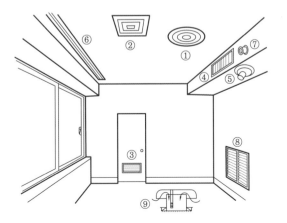

① 원형 아네모스탯형
② 각형 아네모스탯형
③ 도어 그릴
④ 유니버설형
⑤ 펑커 루버
⑥ 라인형
⑦ 노즐형
⑧ 고정 루버
⑨ 머시룸형

04 다음 동관접합 방법의 명칭과 사용하는 이유를 2가지 적으시오.

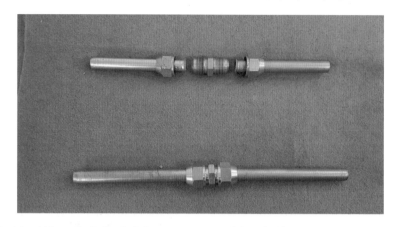

해답 (1) 명칭 : 플레어 접합(flare joint ; 압축 접합)

(2) 사용하는 이유 : ① 정비, 보수, 점검하는 경우 ② 배관을 분해하는 경우

참고 기계의 점검, 보수 또는 관을 분해할 경우를 대비한 접합 방법이다. 관의 절단시에는 동관 커터(tube cutter ; 관지름이 20mm 미만일 때) 또는 쇠 톱(20mm 이상일 때)을 사용한다.

05 냉동장치에 설치된 자동제어 기기이다. 기기 명칭과 원형으로 표시한 부분의 역할을 설명하시오.

해답 (1) 명칭 : 고저압 스위치(dual pressure cut out switch)

(2) 리셋 버튼(reset button)으로 고압 스위치가 작동되었을 때 냉동장치를 운전하려면 리셋 버튼을 수동으로 복귀시켜야 한다.

참고 고압 스위치와 저압 스위치를 한 곳에 모아 조립한 것을 듀얼 스위치라고 하며, 그림에서 벨로스 지름이 큰 것은 저압 측, 작은 것은 고압 측이다.

06 작업자가 배전판에서 무엇을 측정하고 있는가를 쓰시오.

해답 교류전압

참고 측정공구가 clamp(hooke) meter인 경우는 교류전압, 교류전류, 저항을 측정할 수 있다. (직류는 측정할 수 없음)

07 다음 영상의 계측기 명칭과 무엇을 측정하고 있는가를 기술하시오.

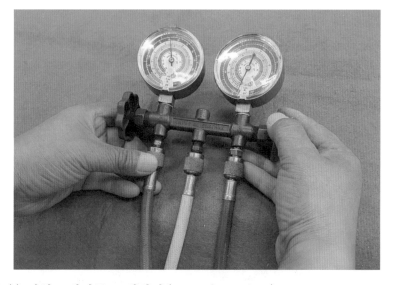

해답 (1) 명칭 : 매니폴드 게이지(manifold gauge)
(2) 냉동장치의 저압 측 압력을 측정하고 있다.

참고 매니폴드 게이지와 호스 색깔이 파란색은 저압 측이고, 빨간색은 고압 측이다. 가운데 있는 노란색은 서비스 호스이다.

08 그림에 나타낸 부품은 트랩의 한 종류이다. 각 물음에 답하시오.

(1) 구조상 어떤 트랩인가?

(2) 이 트랩의 특징을 2가지 쓰시오.

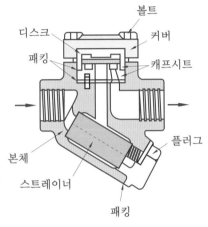

해답 (1) 디스크식 트랩

(2) ① 작동이 빈번하여 내구성이 작다.

② 가동 시 공기 배출이 필요 없다.

③ 고압용에는 부적당하다.

09 다음 냉동장치의 기기 명칭을 쓰시오.

해답 원심식 또는 터보(centrifugal or turbo) 냉동기(compressor)

10 냉동장치 배관 설비에 부착되어 있는 기기 명칭을 쓰시오.

해답 액분리기 (accumulator)

참고 액분리기 설치 시 주의사항은 흡입배관을 증발기 최상부보다 150mm 이상 입상시켜서 설치한다.

11 시퀀스 전기회로에서 ST를 누르면 GL이 점등되어 자기 유지되고 STP를 누르면 소등되는 회로도를 고르시오.

(가) R T NFB STP ST MC-a MC GL

(나) R T NFB ST STP MC-b MC GL

해답 (가)

참고 (나)는 ST를 누르면 GL이 점등되고 원상 복귀되면 GL이 소등되므로 STP와는 관계가 없다(회로가 성립이 안 됨).

12 다음은 시퀀스 전기회로 장치도이다. ST을 누르면 GL이 점등되어 자기 유지되고 STP를 누르면 GL이 소등되고 RL이 점등되는 장치도이다. 아래 보기에서 답을 고르시오.

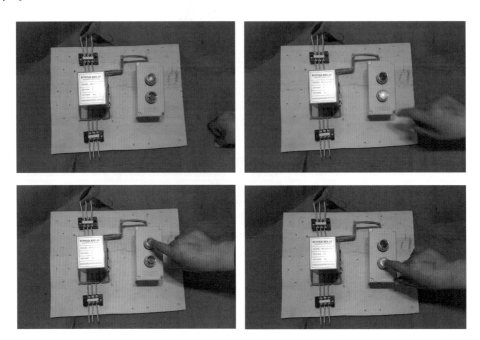

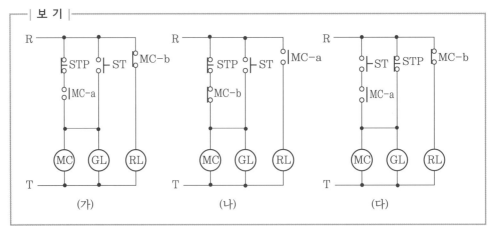

(가)　　　　　　　(나)　　　　　　　(다)

해답 (가)

참고 (1) (나)는 ST와 관계없이 전원을 통전시키면 GL과 RL이 점등되고 STP를 누르면 RL만 소등되었다가 원상 복귀시키면 RL, GL이 점등된다.

(2) (다)는 통전시키면 ST와 관계없이 RL, GL이 점등된다.

공조냉동기계산업기사 실기

제2회 실전 모의고사

■ 이 문제는 실제 출제되었던 기출문제를 재구성하여 수록하였으므로 참고하시기 바랍니다.

01 다음 배관설비의 화면을 보고 |보기| 중 해당하는 평면도는 어느 것인가?

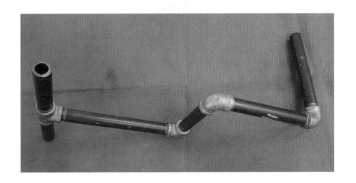

┤ 보 기 ├

(가)　　　　　　　　(나)

해답 (가)

해설 다음은 평면 배관설비이다.

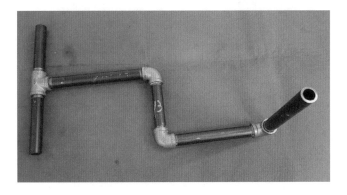

02 다음 장치의 명칭과 역할을 쓰시오.

해답 (1) 명칭 : 변류기

　(2) 역할 : 변류기는 전류의 크기를 변환하는 장치로, 대전류가 흐르는 전로를 측정하고, 보호 계전기를 동작시키기 위해 사용한다.

03 다음 화면은 온수공급헤드 상부에 설치하는 부속품이다. 명칭을 쓰시오.

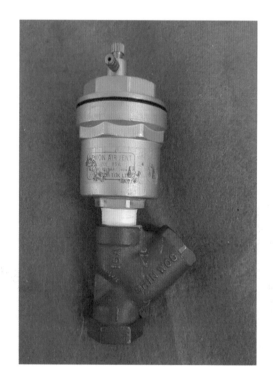

해답 에어벤트

04 다음 동영상에 맞는 전기회로도는 어느 것인가?

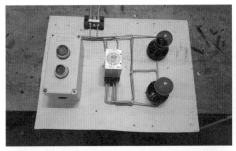 

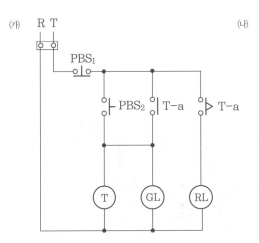 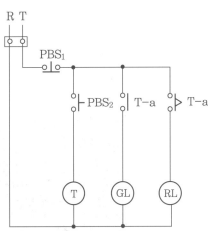

해답 (가)

05 온도식 자동팽창밸브에서 ⬭ 표시된 부분의 명칭과 역할을 쓰시오.

해답 (1) 명칭 : 감온통(감온구)

(2) 역할 : 증발기 출구 냉매의 과열도를 일정하게 유지하기 위하여 팽창밸브 개도를 조정한다.

해설 감온통 설치 방법

① 증발기 출구에 가까운 압축기 흡입관 수평부에 설치한다.

② 녹이 슨 부분에는 벗겨내고 장착한다.

③ 흡입관 바깥지름이 $20A\left(\dfrac{7}{8}\text{inch}\right)$ 이하이면 관상부, 흡입관의 바깥지름이 $20A\left(\dfrac{7}{8}\text{inch}\right)$를 초과하면 수평보다 $45°$ 아래에 장착한다.

④ 감온통을 흡입관 내에 장착해도 된다(배관지름 65A 이상).

06 다음은 배관에 설치되는 밸브의 한 종류이다. 물음에 답하시오.

(1) 이 밸브의 명칭을 쓰시오.

(2) 이 밸브의 기능(역할)을 설명하시오.

해답 (1) 체크밸브(스윙식 역류방지밸브)

(2) 유체 흐름의 역류를 방지한다.

해설 ① 스윙식 : 수평, 수직배관에 설치한다.

② 리프트식 : 수평배관에 설치한다.

07 다음과 같은 취출구의 명칭을 쓰시오.

해답 라인형 취출구(line diffuser)

08 다음 냉동장치 화면을 보고 ⬭ 표시된 부분의 명칭을 쓰시오.

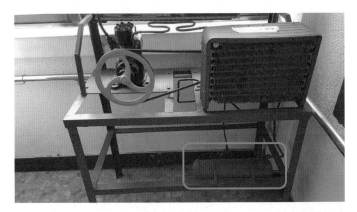

해답 수액기

09 다음 화면에 나오는 냉동장치의 명칭을 쓰시오.

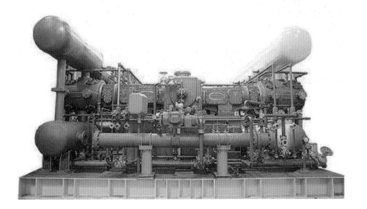

해답 수랭식 압축기
해설 수랭식 공기압축기이다.

10 다음 자동제어 설비 부품 명칭과 하는 역할을 쓰시오.

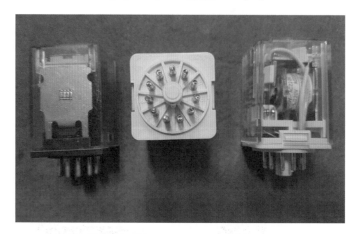

해답 (1) 부품 명칭 : 11핀 릴레이(11pin relay)
(2) 역할 : 전기제어 장치의 보조 접점

11 다음 화면에 표시된 장치 ⓐ는 드래인 밸브이고 ⓑ는 드래인 콕이다. 작동순서를 기술하시오.

해답 (1) 여는 순서 : ⓑ → ⓐ
(2) 닫는 순서 : ⓑ → ⓐ

해설 보일러 드럼 안쪽에 있는 분출 밸브를 나중에 여는 이유는 분출 밸브가 분출 콕에 비하여 분출량 조절이 용이하기 때문이며, 바깥쪽에 있는 분출 콕을 먼저 닫는 이유는 밸브와 콕 사이에 보일러수가 차 있도록 하여 부식을 방지하기 위함이다(공기가 차 있도록 하면 부식의 우려가 크다).

12 다음은 시퀀스 전기회로 장치도이다. ST을 누르면 GL이 점등되어 자기 유지되고 STP를 누르면 GL이 소등되고 RL이 점등되는 장치도이다. 아래 |보기|에서 답을 고르시오.

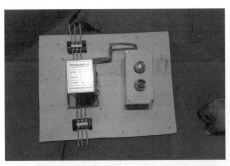

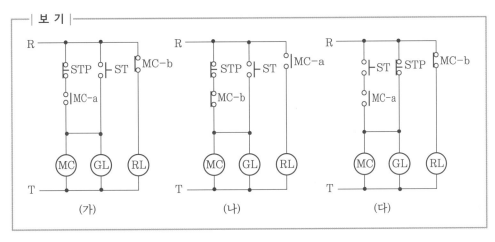

| 보 기 |

(가)   (나)   (다)

해답 (가)

참고 (1) (나)는 ST와 관계없이 전원을 통전시키면 GL과 RL이 점등되고 STP를 누르면 RL만 소등되었다가 원상 복귀시키면 RL, GL이 점등된다.

(2) (다)는 통전시키면 ST와 관계없이 RL, GL이 점등된다.

공조냉동기계산업기사 실기

제3회 실전 모의고사

■ 이 문제는 실제 출제되었던 기출문제를 재구성하여 수록하였으므로 참고하시기 바랍니다.

01 다음 영상의 명칭과 설치 위치를 쓰시오.

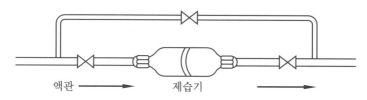

액관 ⟶   제습기   ⟶

해답 (1) 명칭 : 필터 드라이어

(2) 설치 위치 : 응축기와 팽창밸브 사이 액관에서 팽창밸브 직전에 설치

해설 ① 프레온 냉매 중에 포함된 수분을 흡착제거(건조)하여 냉동장치가 안정되게 운전한다.

② 팽창밸브와 전자밸브(SV) 입구에 여과기(필터)를 설치하여 이물질을 제거한다.

02 다음 표시하는 부분의 기기 명칭을 쓰고 하는 역할 3가지를 쓰시오.

해답 (1) 명칭 : 진공펌프
(2) 역할 : ① 냉동장치를 진공시켜서 외기 누입 유무 확인(기밀보장)
② 진공 방치시켜서 장치내부의 수분을 건조시킨다(진공건조).
③ 냉매 충진 전에 이물질 배출

03 직업자가 배전판에서 무엇을 측정하고 있는가를 쓰시오.

해답 교류전류

해설 측정공구가 clamp(hooke) meter인 경우는 교류전압, 교류전류, 저항을 측정할 수 있다(직류는 측정할 수 없음). 현재 사진에서 측정되는 전류는 10.33A이다.

04 다음은 배관에 설치되는 밸브의 한 종류이다. 물음에 답하시오.

(1) 이 밸브의 명칭을 쓰시오.
(2) 이 밸브의 기능(역할)을 설명하시오.

해답 (1) 체크밸브(스윙식 역류방지밸브)
　　　 (2) 유체 흐름의 역류를 방지한다.
해설 ① 스윙식 : 수평, 수직배관에 설치한다.
　　　 ② 리프트식 : 수평배관에 설치한다.

05 다음 영상은 증기 압축식 냉동장치의 4대 사이클(cycle) 중 하나이다. 기기 명칭과
하는 역할을 쓰시오.

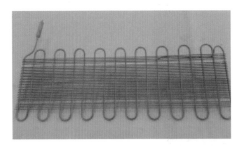

그림 A

그림 B

해답 (1) 명칭 : 공랭식 응축기
　　　 (2) 역할 : 배관 안으로 냉매가스를 통과시키고, 그 외면을 공기로 냉각시켜
　　　　　　　 냉매를 응축(액화)시킨다.
해설 그림 A : 자연대류식(가정용 냉장고 등에 사용)
　　　 그림 B : 강제대류식(에어컨 등에 사용)

06 다음은 전동기를 기동 정지하기 위하여 전원을 자동으로 개·폐하는 장치이다. 명칭은 무엇인가?

해답 전자접촉기

07 다음 회로도를 보고 아래 내용 중 빈칸에 on, off를 기입하시오.

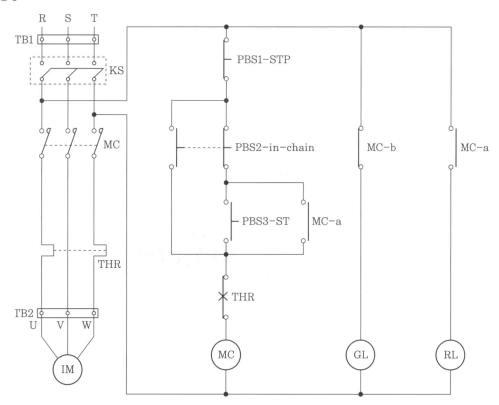

(가) PBS2를 (①) 시키면 MC가 여자되고, (②) 시키면 전원이 차단되면서 GL과 RL이 점멸된다.

(나) PBS3를 (③) 시키면 MC가 동작되면서 자기 유지가 되고, GL은 소등되고 RL이 점등되면서 운전된다.

해답 ① on ② off ③ on

08 다음 취출구의 명칭과 특징 2가지를 쓰시오.

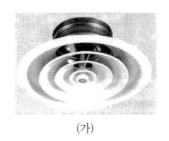
(가)

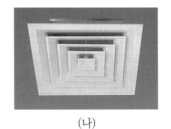
(나)

해답 (1) 명칭 : 아네모스탯 취출구
(2) 특징 : ① 확산 반지름이 크다.
② 도달거리가 짧다.
참고 ㈎는 아네모스탯 원형 취출구
㈏는 아네모스탯 각형 취출구

09 다음 영상의 밸브 명칭을 쓰시오.

해답 로터로크 밸브
해설 냉동장치에 사용하는 경우 서비스 밸브의 일종으로 냉매 충전, 숙청, 기밀시
험, 진공시험 등을 할 수 있는 밸브이다.

10 다음 동영상에 맞는 전기회로도는 어느 것인가?

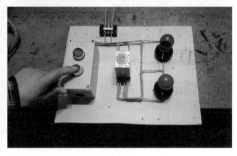

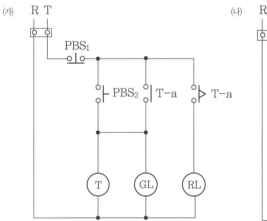
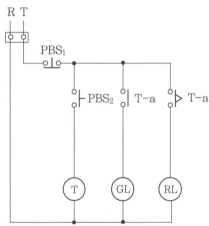

해답 (가)

11 다음 작업자의 안전관리 위반사항 2가지만 쓰시오.

해답 ① 장갑 착용(드릴 작업 시 장갑을 착용하지 않는다.)
② 상의 작업 복장 불량(앞 지퍼를 올려서 복장을 단정히 할 것)
③ 안전모 미착용

12 다음 댐퍼의 명칭과 기능을 쓰시오.

해답 루버 댐퍼, 다익 댐퍼

해설 ① 평형 익형 : 대형 덕트 개폐용

② 대향 익형 : 풍량 조절용

공조냉동기계산업기사 실기

제4회 실전 모의고사

■ 이 문제는 실제 출제되었던 기출문제를 재구성하여 수록하였으므로 참고하시기 바랍니다.

01 다음 영상에서 보여주는 창문 위 취출구의 명칭과 설치 목적을 쓰시오.

해답 (1) 명칭 : 라인형 취출구
(2) 설치 목적 : 외기 침입 방지
해설 창문에 설치한 것은 일종의 에어커튼의 역할을 한다.

02 다음 영상에 보이는 장치의 명칭을 쓰시오.

해답 왕복 밀폐형 압축기
해설 압축기 주변에 액분리기나 유냉각 장치가 없는 것은 왕복 밀폐형 압축기이다.

03 다음 화면의 공구 중 (가), (라)의 명칭은 무엇인가?

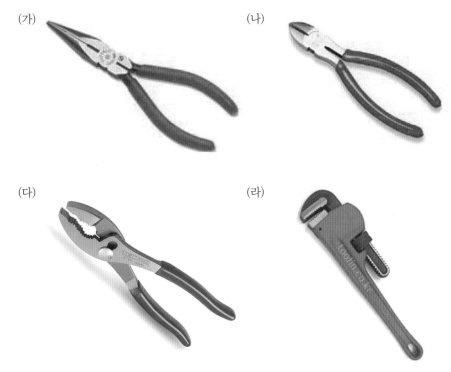

(가)

(나)

(다)

(라)

해답 ㈎ 롱로즈 플라이어(라디오 벤치), ㈐ 파이프 렌치

해설 ㈏ 니퍼, ㈐ 플라이어

04 다음 영상에서 보여주는 장치의 명칭을 쓰시오.

해답 전자식 과전류 계전기(EOCR)

05 실제 배관설비를 보고 |보기| 중 해당하는 평면도를 고르시오.

정면도   우측면도

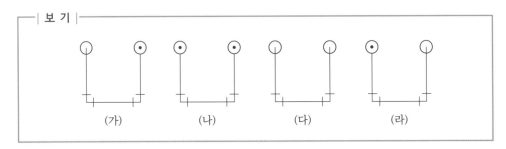

| 보 기 |

(가)   (나)   (다)   (라)

해답 (가)

참고 다음 평면은 배관 설비이다.

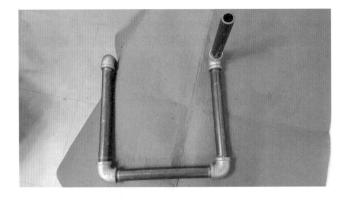

06 다음 영상에 나오는 부품의 명칭을 차례대로 쓰시오.

(1)

(2)

(3)

(4)

해답 (1) 부싱   (2) 캡   (3) 45° 엘보   (4) 리듀서

07 다음 영상에서 보여주는 장치의 명칭과 설치 목적을 쓰시오.

해답 (1) 명칭 : 역화방지기
     (2) 설치 목적
        ① 가연성 가스 라인에 공기 및 산소 유입 방지
        ② 역화 발생 시 가연성 가스 유입 차단
        ③ 내부온도 과열기 가연성 가스 공급 차단

08 다음 영상에서 보여주는 장치의 명칭과 형식을 쓰시오.

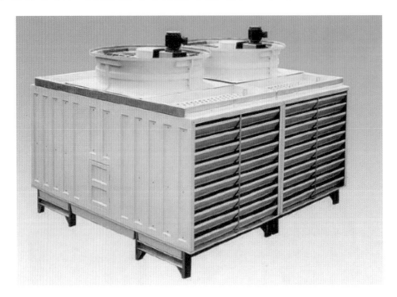

해답 (1) 명칭 : 냉각탑
　　 (2) 형식 : 직교류형

09 다음 영상에 보여주는 장치의 명칭과 설치 목적을 쓰시오.

해답 (1) 명칭 : 4방 밸브
해설 (1) 설치 목적 : 열펌프 장치는 하절기에 냉방운전을 하고, 동절기에 난방운
　　　　　　　전을 위하여 냉매의 순환을 전환시키는 장치가 4방 밸브이다.

10 다음 영상을 보고 아래의 질문에 답하시오.

(1) 해당 장치의 명칭
(2) 설치 목적
(3) 두 개를 동시에 설치하는 이유

해답 (1) 수면계
　　 (2) 보일러 내부 수위 측정
　　 (3) 수면의 정확한 판단을 위해

11 다음 영상을 보고 알맞은 설명을 고르시오.

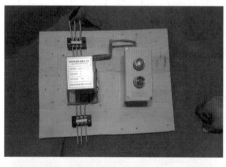 

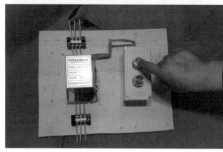 

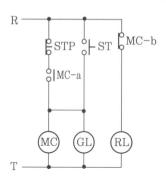

(가) 빨간색 버튼이 on된 상태에서 녹색 버튼(ST)을 누르면 빨간색등 on, 녹색등 on

(나) 빨간색 버튼이 on된 상태에서 녹색 버튼(ST)을 누르면 빨간색등 off, 녹색등 on

해답 (나)

12 다음 시퀀스 회로도에서 실렉터 스위치가 자동(auto)상태에서 LS 스위치를 누르면 도면 중 램프의 on, off 상태를 기입하시오.

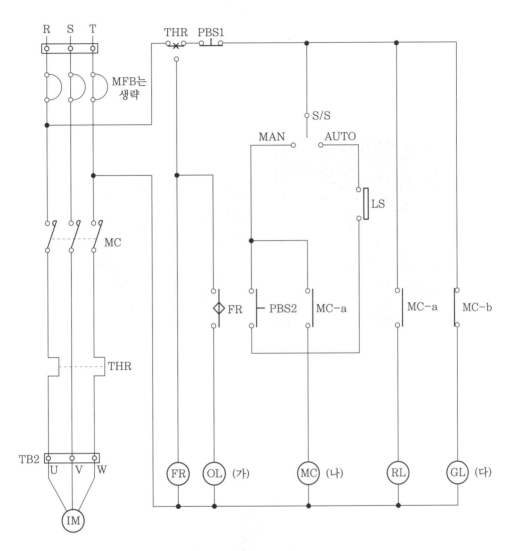

<u>해답</u> (가) off (나) on (다) off

<u>해설</u> (가)항의 OL 등은 THR 작동 시 FR에 의해서 점멸된다.

공조냉동기계산업기사 실기

제5회 실전 모의고사

■ 이 문제는 실제 출제되었던 기출문제를 재구성하여 수록하였으므로 참고하시기 바랍니다.

01 다음 화면은 공기조화장치의 덕트 이음에 설치되는 부속장치이다. ⬭로 표시된 부분의 명칭과 설치하는 이유를 쓰시오.

해답 (1) 명칭 : 캔버스
(2) 설치하는 이유 : 기기의 진동이 덕트에 전달되는 것을 방지한다.

02 다음 장치의 명칭과 역할을 쓰시오.

해답 (1) 명칭 : 변류기
(2) 역할 : 변류기는 전류의 크기를 변환하는 장치로, 대전류가 흐르는 전로를 측정하고, 보호 계전기를 동작시키기 위해 사용한다.

03 다음 화면 (가), (나)의 명칭을 쓰시오.

(가)

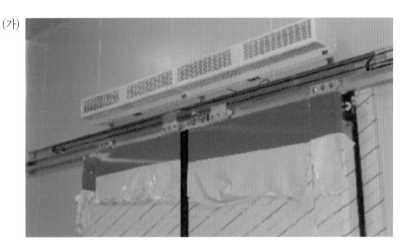

(나)

해답 (가) 에어커튼(air-curtain)

(나) 라인형 취출구(line type diffuser)

해설 (가) 에어커튼은 크로스 플로 팬(fan) 또는 시로코 팬을 사용하며, 폭넓은 기류를 만들어 냉장실문의 입구에 공기로 막을 쳐서 외기의 침입에 의한 열손실을 방지하기 위한 설비이다.

(나) 브리즈 라인(breeze line)형, 캄 라인(calm line)형, T-라인형, 슬롯(slot)형, 다공판(multi vent)형 등이 있다.

04 다음 회로도를 보고 아래 내용 중 빈칸에 적당한 용어를 쓰시오.

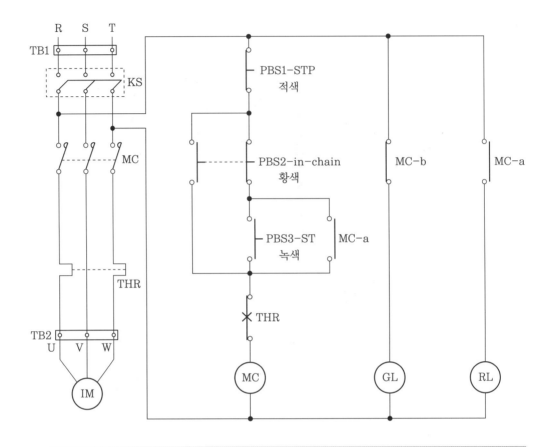

PBS2(황색)를 on시키면 MC가 여자되고, off시키면 전원이 차단되면서 GL과 RL 이 점멸된다. (①)를 on시키면 MC가 동작되면서 자기유지되고, (②)은 소등되고 (③)이 점등되면서 운전된다.

해답 ① PBS3(녹색) ② GL ③ RL

05 다음 오른쪽 그림의 명칭과 역할을 쓰시오.

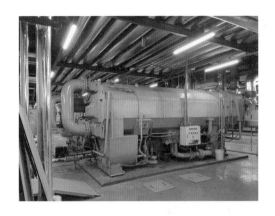

해답 (1) 명칭 : 플렉시블 이음
(2) 역할 : 기기의 진동이 배관이나 다른 기기에 전달되는 것을 방지한다.

참고 좌측 화면의 그림은 흡수식 냉동장치이다.

06 다음 동관접합 방법의 명칭과 사용하는 이유를 2가지 적으시오.

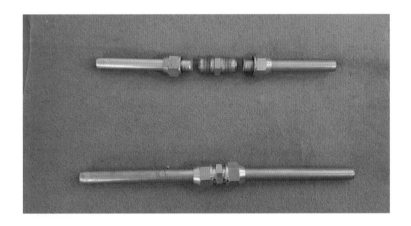

해답 (1) 명칭 : 플레어 접합(flare joint ; 압축 접합)
(2) 사용하는 이유 : ① 정비, 보수, 점검하는 경우 ② 배관을 분해하는 경우

참고 기계의 점검, 보수 또는 관을 분해할 경우를 대비한 접합 방법이다. 관의
절단시에는 동관 커터(tube cutter ; 관지름이 20mm 미만일 때) 또는 쇠
톱(20mm 이상일 때)을 사용한다.

07 다음 영상에서 보여주는 장치의 명칭과 형식을 쓰시오.

해답 (1) 명칭 : 냉각탑
(2) 형식 : 직교류형

08 다음 도면에서 증발압력 조정밸브(EPR) 설치 위치와 역할을 쓰시오.

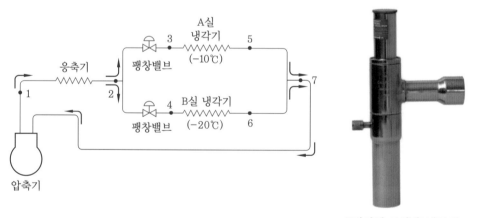

증발압력 조정밸브(EPR)

해답 (1) 설치 위치 : -10℃ 증발기 출구 5번에 설치한다.
(2) 역할 : 증발온도가 높은 증발기 출구에 설치하여 증발압력이 일정 압력 이하가 되는 것을 방지한다.

해설 냉동장치는 증발압력이 낮은 것을 기준으로 운전되며, 6번에 체크밸브(CV) 를 설치한다.

09 다음 화면의 우측 그림의 명칭과 설치 목적을 쓰시오.

 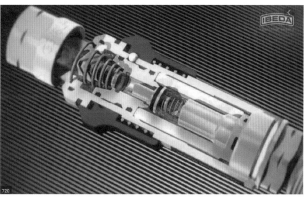

해답 (1) 명칭 : 역화방지장치

(2) 설치 목적 : 연소장치에서 연소로 내에서 이상한 고연소가 발생할 때 화염이 역류하는 것을 방지한다.

10 다음 화면의 명칭과 특징 2가지를 쓰시오.

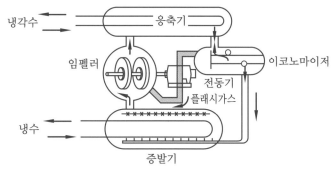

해답 (1) 명칭 : 터보(turbo) 냉동장치(원심식 냉동장치)

(2) 특징

① 장점

㈎ 회전운동이므로 진동 및 소음이 없다.

㈏ 마찰부분이 없으므로 마모로 인한 기계적 성능저하나 고장이 적다.

㈐ 장치가 유닛(unit)으로 되어 있기 때문에 설치면적이 작다.

㈑ 자동운전이 용이하며 정밀한 용량 제어를 할 수 있다.

㈒ 왕복동의 최대용량은 150RT 정도이지만, 일반적으로 터보 냉동기는 최저용량이 150RT 이상이다.

㈓ 흡입 토출밸브가 없고 압축이 연속적이다.

② 단점

㈎ 고속회전이므로 윤활에 민감하다(4000~6000rpm, 특수한 경우 12000rpm이다).

㈏ 윤활유 부분에 오일 히터(oil heater)를 설치하여 정지시 항상 통전시키며, 윤활유 온도를 평균 55℃(50~60℃)로 유지시켜서 오일 포밍(oil foaming)을 방지한다.

㈐ 0℃ 이하의 저온에는 거의 사용하지 못하며 냉방 전용이다.

㈑ 압축비가 결정된 상태에서 운전되고 운전 중 압축비 변화가 없다.

11 다음 전기부품 중에서 (마) 부품의 명칭과 기능을 쓰시오.

(가)
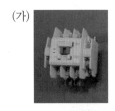

(나)
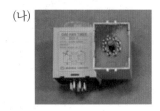

(다)

(라)

(마)

해답 (1) 명칭 : 리밋 스위치

(2) 기능 : 냉동장치의 냉동냉장실 출입구에 있는 에어커튼에 설치하여 출입시 에어커튼을 가동시켜서 외기 침입을 방지한다.

12 다음은 시퀀스 전기회로 장치도이다. ST을 누르면 GL이 점등되어 자기 유지되고 STP를 누르면 GL이 소등되고 RL이 점등되는 장치도이다. 아래 |보기|에서 답을 고르시오.

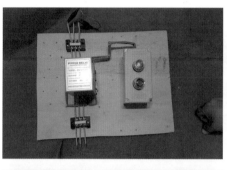

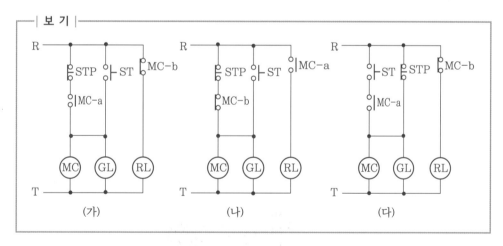

| 보 기 |

(가)　　　　　　(나)　　　　　　(다)

해답 (가)

참고 (1) (나)는 ST와 관계없이 전원을 통전시키면 GL과 RL이 점등되고 STP를 누르면 RL만 소등되었다가 원상 복귀시키면 RL, GL이 점등된다.

(2) (다)는 통전시키면 ST와 관계없이 RL, GL이 점등된다.

공조냉동기계산업기사 실기

제6회 실전 모의고사

■ 이 문제는 실제 출제되었던 기출문제를 재구성하여 수록하였으므로 참고하시기 바랍니다.

01 녹색 PB 스위치를 on시키면 MC가 자기유지되어 RL이 점등되고 t초 후에 GL이 점등된다. 적색 PB 스위치를 누르면 전회로가 원상태로 복귀되어 RL과 GL이 소등되는 회로도이다. 회로의 (가), (나), (다)에 알맞은 용어를 쓰시오.

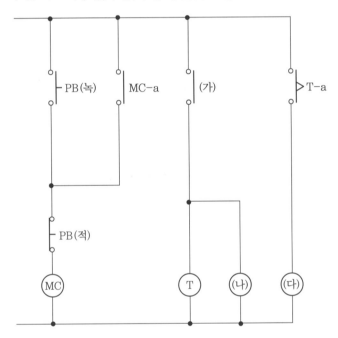

해답 (가) MC-a 접점   (나) RL   (다) GL

02 다음 화면은 냉동장치의 부속기기이다. 명칭과 사용 목적을 쓰시오.

해답 (1) 명칭 : 수액기
(2) 사용 목적 : ① 냉동장치를 순환하는 냉매를 일시 저장한다.
② 냉동장치 정지 시 냉매를 회수하여 저장한다.
참고 설치 위치는 응축기와 팽창밸브 사이 액관에 설치한다.

03 다음은 시퀀스 전기회로 장치도이다. ST을 누르면 GL이 점등되어 자기 유지되고 STP를 누르면 GL이 소등되고 RL이 점등되는 장치도이다. 아래 |보기|에서 답을 고르시오.

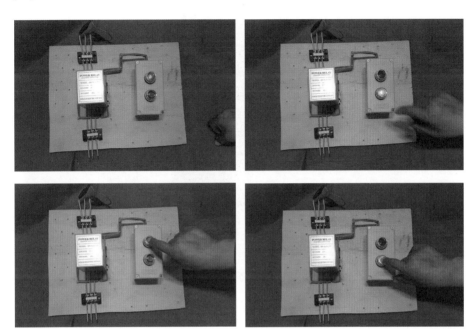

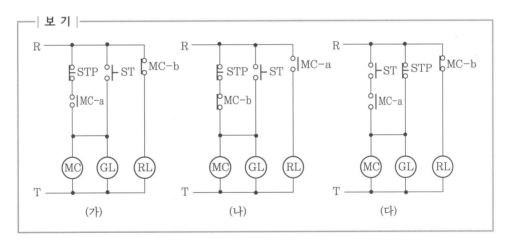

─| 보 기 |─

(가)　(나)　(다)

해답　(가)

참고　(1) (나)는 ST와 관계없이 전원을 통전시키면 GL과 RL이 점등되고 STP를 누르면 RL만 소등되었다가 원상 복귀시키면 RL, GL이 점등된다.
　　(2) (다)는 통전시키면 ST와 관계없이 RL, GL이 점등된다.

04 다음 화면은 냉동장치의 부속기기이다. 명칭과 사용 목적을 쓰시오.

해답 (1) 명칭 : 액분리기

(2) 사용 목적 : 흡입가스 중의 냉매 액립을 분리하여 압축기가 액압축으로부터 위험을 방지한다.

참고 흡입가스 배관을 증발기 최상부보다 150mm 이상 입상시켜서 설치한다.

05 다음은 배관에 설치되는 밸브의 한 종류이다. 물음에 답하시오.

(1) 이 밸브의 명칭을 쓰시오.

(2) 이 밸브의 기능(역할)을 설명하시오.

해답 (1) 체크밸브(스윙식 역류방지밸브)

(2) 유체 흐름의 역류를 방지한다.

해설 ① 스윙식 : 수평, 수직배관에 설치한다.

② 리프트식 : 수평배관에 설치한다.

06 기류 형식에 따른 취출구의 명칭과 특징 2가지를 쓰시오.

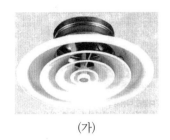
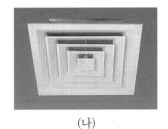

(가)   (나)

해답 (1) 명칭 : 아네모스탯 취출구
    (2) 특징 : ① 확산 반지름이 크다.
              ② 도달거리가 짧다.
참고 (가)는 아네모스탯 원형 취출구   (나)는 아네모스탯 각형 취출구

07 다음 계측기의 명칭을 쓰시오.

해답 교류전압계

08 다음 영상에 나오는 부품의 명칭을 차례대로 쓰시오.

(1)

(2)

(3)

(4)

해답 (1) 부싱   (2) 캡   (3) 45° 엘보   (4) 리듀서

09 다음 영상은 증기 압축식 냉동장치의 4대 사이클(cycle) 중 하나이다. 그림 (a) 기기 명칭과 하는 역할을 쓰시오.

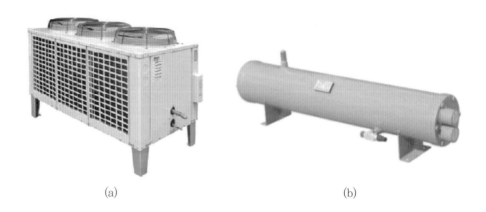

(a)   (b)

해답 (1) 명칭 : 공랭식 응축기
(2) 역할 : 배관 안으로 냉매가스를 통과시키고 그 외면을 공기로 냉각시켜 냉매를 응축(액화)시킨다.

참고 그림 (a)는 강제 통풍 공랭식 응축기, 그림 (b)는 횡형 수랭식 응축기이다.

10 조광형 누름 버튼 스위치 기능과 조광의 역할을 쓰시오.

해답 (1) 스위치 기능 : 버튼을 누름으로써 회로에 전원을 on, off(통전, 단전)시킨다.
(2) 조광 역할 : 전등을 점멸시켜서 제어회로의 통전, 단전 여부를 표시한다.

11 다음 화면의 기기 명칭과 역할을 쓰시오.

> 해답 (1) 명칭 : 릴리프 댐퍼
> (2) 역할 : 실내의 정압을 일정하게 유지하고, 실내외 또는 인접실과의 공기
> 차압을 제어한다.

> 참고 실내의 정압을 일정하게 유지하고, 실내외 또는 인접실과의 공기 차압을 제
> 어하는 장비로 청정구역, 준청정구역, 비청정구역 간의 일정한 차압을 유지
> 시켜 줌으로써 클린룸의 오염을 방지시킨다.

12 동관 파이프 커터기에서 (다)의 명칭과 역할을 쓰시오.

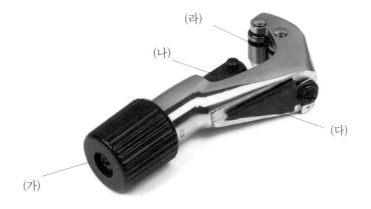

> 해답 (1) 명칭 : 리머
> (2) 역할 : 배관 절단 후 생기는 거스러미를 제거한다.

> 참고 (가) 스핀들(손잡이) (나) 커터날 (라) 롤러

공조냉동기계산업기사 실기

제7회 실전 모의고사

■ 이 문제는 실제 출제되었던 기출문제를 재구성하여 수록하였으므로 참고하시기 바랍니다.

01 다음 시퀀스 회로도에서 실렉터 스위치가 자동(auto)상태에서 LS 스위치를 누르면 도면 중 램프의 on, off 상태를 기입하시오.

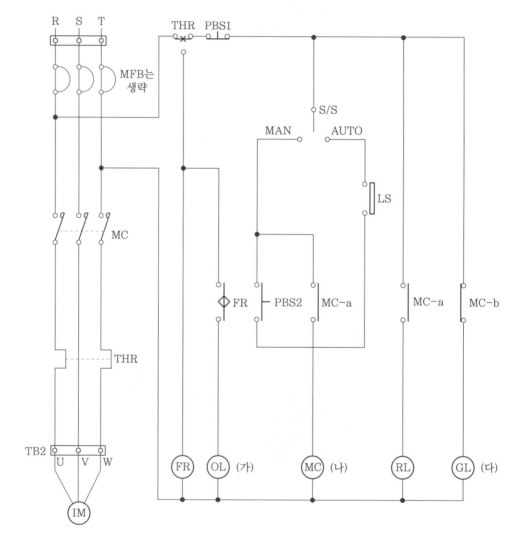

해답 (가) off   (나) on   (다) off

해설 (가)항의 OL 등은 THR 작동 시 FR에 의해서 점멸된다.

02 다음 전기회로도에 대한 작동원리를 보고 빈 칸에 맞는 용어를 쓰시오.

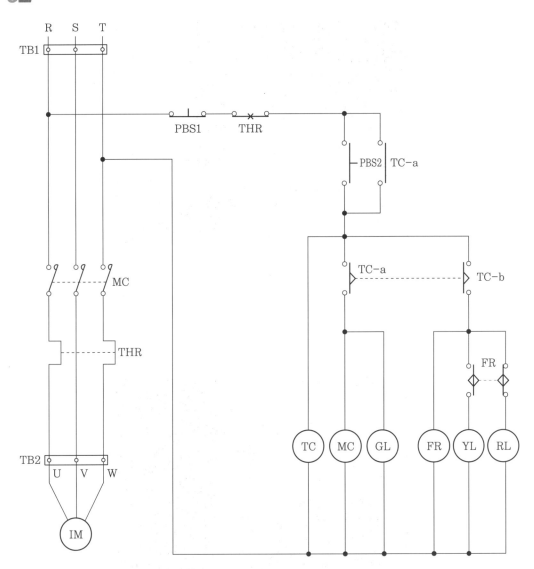

1. PBS2를 누르면 (①)가 여자되고 자기유지회로가 된다.
2. FR이 (②)되어 일정한 시간 동안 YL과 RL이 점멸된다.
3. 일정 시간 뒤 (①)의 한시동작이 접점이 동작하여 MC가 동작되고 GL이 점등되면서 FR이 정지된다.
4. PBS1을 누르면 전체 동작이 정지되고 (③)이 소등된다.

해답 ① TC   ② 여자   ③ GL

03 다음 냉동장치의 기기 명칭을 쓰시오.

해답 원심식 또는 터보(centrifugal or turbo) 냉동기(compressor)

04 흡수식 냉동장치에서 ⬭으로 표시된 부분의 기기 명칭과 기능을 쓰시오.

해답 (1) 명칭 : 추기 회수 장치
(2) 기능 : 불응축 가스를 퍼지시킨다.
참고 ① 운전 중 발생되는 불응축 가스는 대기 방출시키고, 분리된 냉매는 증발기로 회수시킨다.
② 냉매 충전 또는 숙청 작업
③ 각종 시험(진공, 누설 시험 등)을 한다.

05 온도식 자동팽창밸브에서 ⬭로 표시된 부분의 명칭과 역할을 쓰시오.

해답 (1) 명칭 : 감온통(감온구)

(2) 역할 : 증발기 출구 냉매의 과열도를 일정하게 유지하기 위하여 팽창밸브 개도를 조정한다.

해설 감온통 설치 방법

① 증발기 출구에 가까운 압축기 흡입관 수평부에 설치한다.

② 녹이 슨 부분에는 벗겨내고 장착한다.

③ 흡입관 바깥지름이 $20\mathrm{A}\left(\dfrac{7}{8}\mathrm{inch}\right)$ 이하이면 관상부, 흡입관의 바깥지름이 $20\mathrm{A}\left(\dfrac{7}{8}\mathrm{inch}\right)$를 초과하면 수평보다 $45°$ 아래에 장착한다.

④ 감온통을 흡입관 내에 장착해도 된다(배관지름 65A 이상).

06 다음은 배관에 설치되는 밸브의 한 종류이다. 물음에 답하시오.

(1) 이 밸브의 명칭을 쓰시오.

(2) 이 밸브의 기능(역할)을 설명하시오.

해답 (1) 체크밸브(스윙식 역류방지밸브)

(2) 유체 흐름의 역류를 방지한다.

해설 ① 스윙식 : 수평, 수직배관에 설치한다.

② 리프트식 : 수평배관에 설치한다.

07 다음 화면의 공구 중 (가), (라)의 명칭은 무엇인가?

(가)   (나)

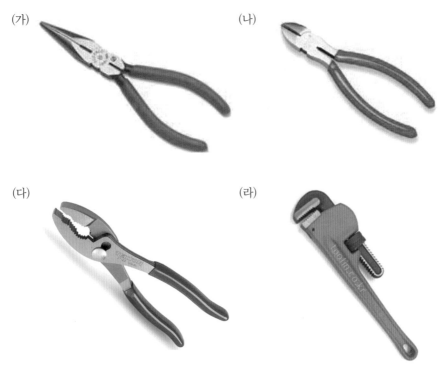

(다)   (라)

해답 ㈎ 롱로즈 플라이어(라디오 벤치), ㈑ 파이프 렌치
해설 ㈏ 니퍼, ㈐ 플라이어

08 다음 화면은 냉동장치의 액관에 설치하는 드라이어(dryer)이다. 용도를 설명하시오.

해답 프레온(freon) 냉매 중에 포함된 수분을 흡착제거(건조)하여 냉동장치가 안
정되게 운전한다.
해설 프레온 냉매는 수분과 분리하므로 수분이 침입하면 팽창밸브 빙결현상, 동
부착 현상(copper plating), 배관부식 등의 악영향을 미친다.

09 다음 배관설비의 화면을 보고 |보기| 중 해당하는 평면도는 어느 것인가?

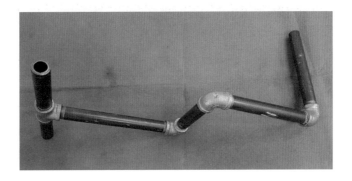

| 보 기 |

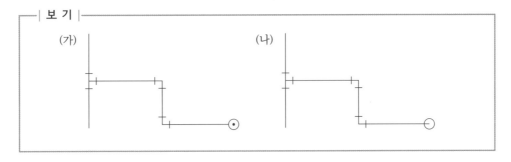

해답 (가)

해설 다음은 평면 배관설비이다.

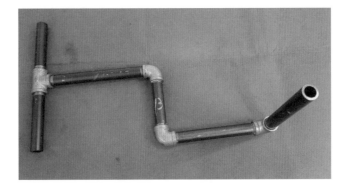

10 다음 자동제어 설비 부품 명칭과 하는 역할을 쓰시오.

> 해답 (1) 부품 명칭 : 11핀 릴레이(11pin relay)
> (2) 역할 : 전기제어 장치의 보조 접점

11 다음과 같은 취출구의 명칭과 역할을 쓰시오.

> 해답 (1) 명칭 : 라인형 취출구
> (2) 역할 : ① 출입구의 에어커튼(air curtain) 및 외주부존의 냉·난방 부하
> 　　　　　 처리(블리즈 라인형)
> 　　　　　② 토출구 내에 디플렉터가 있어서 정류작용을 한다(캄라인형).

12 다음 그림과 같이 바이패스 배관을 설치하는 이유를 쓰시오.

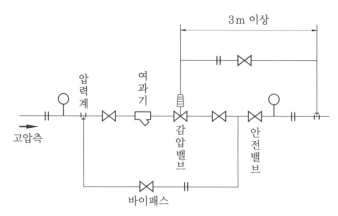

> 해답 주 배관에 설치된 여과기 또는 감압밸브가 고장 시에 바이패스 라인으로 장
> 치를 운전하고 기기를 정비 보수한다.

공조냉동기계산업기사 실기

제8회 실전 모의고사

■ 이 문제는 실제 출제되었던 기출문제를 재구성하여 수록하였으므로 참고하시기 바랍니다.

01 다음 기기는 배관에 설치되는 밸브인데 명칭과 기능을 2가지 쓰시오.

해답 (1) 명칭 : 버터플라이 밸브(나비형 밸브)

(2) 기능 : ① 와류나 저항을 피하고자 하는 곳에 적합하다.

② 유량을 조절하는 데 적합하다.

③ 저압용의 죔밸브로 사용한다.

④ 완전 폐쇄가 어려운 단점이 있다.

02 흡수식 냉동장치에서 ▭로 표시된 부분의 명칭과 역할을 쓰시오.

해답 (1) 명칭 : 추기 회수 장치

(2) 역할 : 흡수식 냉동장치 운전 중 발생되는 불응축 가스를 배출시키는 장치로 공기는 대기 중에 방출하고, 분리된 냉매는 증발기로 회수시킨다.

03 다음 배관 설비의 영상을 보고 엘보와 티 개수가 맞는 것을 고르시오.

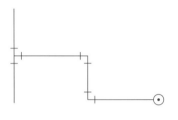

─| 보 기 |─────────────────────────────

(가) 엘보 3개, 티 1개 　　　　　　(나) 엘보 2개, 티 2개

─────────────────────────────

해답 (가)

해설 다음은 평면 배관설비이다.

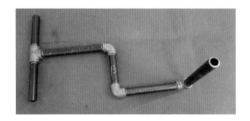

04 다음 전기 부품을 보고 (라)항의 명칭과 역할을 쓰시오.

(가) 　　　　　　　　　　　(나)

(다) 　　　　　　　　　　　(라)

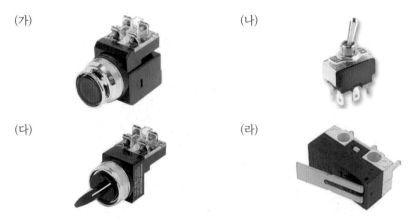

해답 (1) 명칭 : 리밋 스위치
　　 (2) 역할 : 냉동장치의 냉동, 냉장실 출입구에 있는 에어커튼에 설치하여 출
　　　　　　입 시 에어커튼을 기동시켜서 외기 침입을 방지한다.

해설 (가) 푸시버튼　 (나) 토글 스위치　 (다) 실렉터 스위치(전환 스위치)

05 화면에 나타낸 부품은 트랩의 한 종류이다. 각 물음에 답하시오.

(1) 구조상 어떤 트랩인가?

(2) 이 트랩의 특징을 2가지 쓰시오.

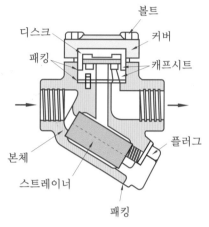

해답 (1) 디스크식 트랩

(2) ① 작동이 빈번하여 내구성이 작다.

② 가동 시 공기 배출이 필요 없다.

③ 고압용에는 부적당하다.

06 다음 냉동장치의 기기 명칭을 쓰시오.

해답 원심식 또는 터보(centrifugal or turbo) 냉동기(compressor)

07 다음에 보이는 화면은 전기회로도 통전시험을 하는 기구이다. 명칭을 쓰시오.

해답 검전기

해설 전기회로도에서 도통시험용 기기이다.

08 다음 화면은 냉동장치의 부속기기이다. 명칭과 사용 목적을 쓰시오.

해답 (1) 명칭 : 액분리기

(2) 사용 목적 : 흡입가스 중의 냉매 액립을 분리하여 압축기가 액압축으로
부터 위험을 방지한다.

참고 흡입가스 배관을 증발기 최상부보다 150mm 이상 입상시켜서 설치한다.

09 다음 화면에서 ⬭로 표시된 부분은 수액기에 설치된 액면계이다. 액면계 상, 하부에 설치하는 기기 명칭과 역할을 쓰시오.

— 액면계

해답 (1) 명칭 : 냉동용 볼 콕(밸브)
(2) 역할 : 액면계가 파손되었을 때 냉매 유출을 차단한다.

10 다음 ⬭로 표시된 부분의 명칭과 역할을 쓰시오.

해답 (1) 명칭 : 안전밸브
(2) 역할 : 내압시험 압력의 8/10 이하 또는 정상 고압 +4~5kg/cm² 이상일 때 작동하여 장치 내의 압력을 안전 압력 이하로 낮추어서 기기의 안정을 도모하고 파손을 방지한다.

11 다음 화면을 보고 토글스위치 on시에 버저와 램프가 켜지고, 토글스위치를 off시키면 버저와 램프가 모두 꺼지는 회로를 고르시오.

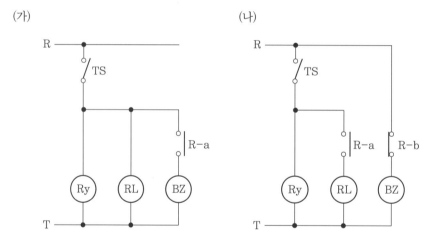

해답 (가)

참고 (나)항은 전원을 공급하면 버저가 켜지고, 토글스위치를 ON시키면 버저가 꺼지고 램프가 점등된다.

12 다음 시퀀스 회로도에서 실렉터 스위치가 자동(auto)상태에서 LS 스위치를 누르면
도면 중 램프의 on, off 상태를 기입하시오.

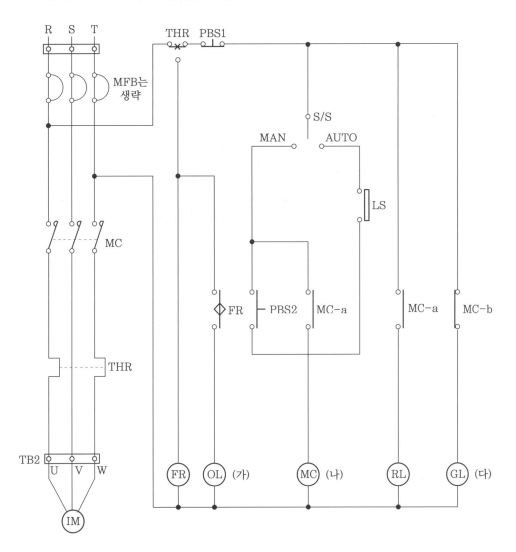

해답 (가) off (나) on   (다) off

해설 (가)항의 OL 등은 THR 작동 시 FR에 의해서 점멸된다.

공조냉동기계산업기사 실기

제9회 실전 모의고사

■ 이 문제는 실제 출제되었던 기출문제를 재구성하여 수록하였으므로 참고하시기 바랍니다.

01 다음 동영상의 기기 명칭을 쓰고 장점 2가지를 쓰시오.

해답 (1) 스크루 압축기(screw compressor)
    (2) 장점
        ① 진동이 없으므로 견고한 기초가 필요 없다.
        ② 소형이고 가볍다.
        ③ 무단계 용량 제어(10~100%)가 가능하며 자동운전에 적합하다.
        ④ 액압축(liquid hammer) 및 오일 해머링(oil hammering)이 적다(NH_3 자동운전에 적격이다).
        ⑤ 흡입 토출밸브와 피스톤이 없어 장시간의 연속 운전이 가능하다(흡입 토출밸브 대신 역류방지밸브를 설치한다).
        ⑥ 부품 수가 적고 수명이 길다.

02 다음 그림에서 표시한 기기는 열펌프 방식에서 냉난방을 전환시키는 기기이다. 명칭을 쓰시오.

해답 4방 밸브(four-way valve or reversing valve)
해설 열펌프 장치는 하기절에 냉방운전하고 동절기에 난방운전을 위하여 냉매의 순환을 전환시키는 장치가 4방 밸브이다.

03 다음 화면의 명칭과 역할을 쓰시오.

해답 (1) 명칭 : 오일 레귤레이터
(2) 역할 : 유분리기에서 분리된 오일을 회수하여 압축기로 되돌려 보낸다.

04 다음 오른쪽 그림의 명칭과 역할을 쓰시오.

해답 (1) 명칭 : 플렉시블 이음
(2) 역할 : 기기의 진동이 배관이나 다른 기기에 전달되는 것을 방지한다.
참고 좌측 화면의 그림은 흡수식 냉동장치이다.

05 수액기 액면계 상, 하부에 설치된 긴급차단장치의 명칭을 쓰시오.

액면계

해답 냉매용 볼 밸브

06 다음 화면의 명칭과 역할을 쓰시오.

해답 (1) 명칭 : 방화 댐퍼
(2) 역할 : 화재 발생 시 덕트를 통해 화재가 전달되는 것을 차단한다.

07 작업자가 배전판에서 무엇을 측정하고 있는가를 쓰시오.

해답 교류전압

참고 측정공구가 clamp(hooke) meter인 경우는 교류전압, 교류전류, 저항을 측정할 수 있다. (직류는 측정할 수 없음)

08 다음 화면의 수액기 하부에 ⬭로 표시된 부분의 명칭을 쓰시오.

해답 드레인 밸브

09 다음 영상의 표시된 부분에서 아래 도면을 보고 스위치 접점을 설명하시오.

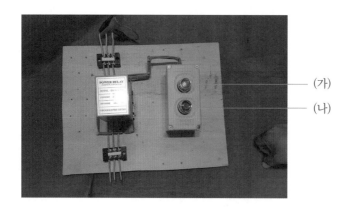

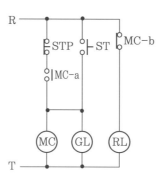

해답 (가) b 접점(STP)
　　　(나) a 접점(ST)

10 다음 시퀀스 회로도에서 실렉터 스위치가 자동(auto)상태에서 LS 스위치를 누르면
도면 중 램프의 on, off 상태를 기입하시오.

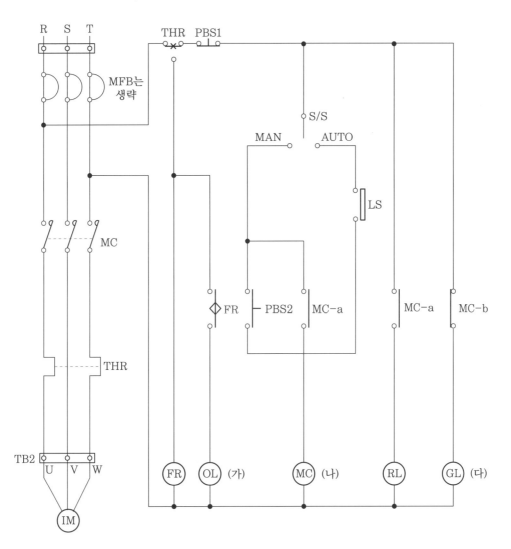

해답 (가) off (나) on (다) off

해설 (가)항의 OL 등은 THR 작동 시 FR에 의해서 점멸된다.

11 실제 배관설비를 보고 |보기| 중 해당하는 평면도를 고르시오.

정면도

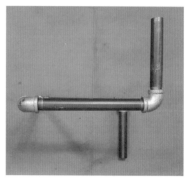

우측면도

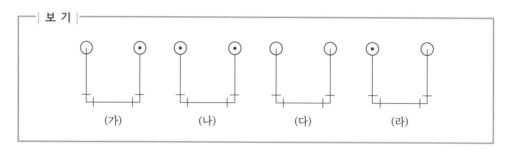

| 보 기 |

(가)   (나)   (다)   (라)

해답 (가)

참고 다음 평면은 배관 설비이다.

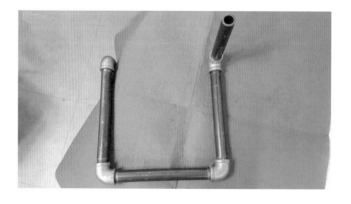

12 다음 자동제어 설비 부품 명칭과 하는 역할을 쓰시오.

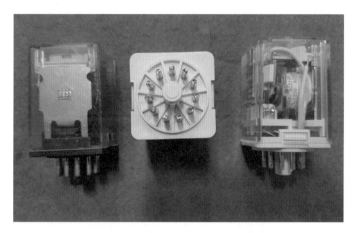

해답 (1) 부품 명칭 : 11핀 릴레이(11pin relay)
(2) 역할 : 전기제어 장치의 보조 접점

공조냉동기계산업기사 실기

제10회 실전 모의고사

■ 이 문제는 실제 출제되었던 기출문제를 재구성하여 수록하였으므로 참고하시기 바랍니다.

01 다음 영상의 명칭을 쓰시오.

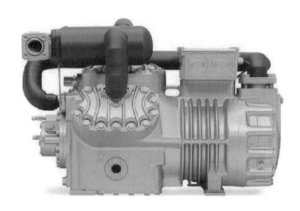

해답 왕복동 압축기

참고 신냉매 왕복동 압축기

02 다음 영상의 명칭과 역할 2가지를 쓰시오.

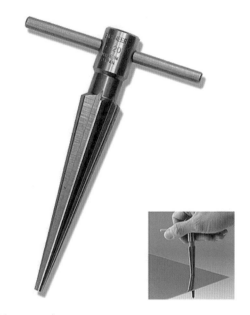

해답 (1) 명칭 : 리머(reamer)
(2) 역할
① 구멍 내면을 매끈하게 확대하고 일정한 규격으로 다듬질한다.
② 파이프 내면이나 구멍에 있는 버(burr)를 떼 낼 때에도 사용한다.

03 다음 영상의 명칭과 역할을 쓰시오.

해답 (1) 명칭 : 오일 레귤레이터
(2) 역할 : 유분리기에서 분리된 오일을 회수하여 압축기로 되돌려 보낸다.

04 다음 영상을 보고 아래의 질문에 답하시오.

(1) 해당 장치의 명칭
(2) 설치 목적
(3) 두 개를 동시에 설치하는 이유

해답 (1) 수면계
　　(2) 보일러 내부 수위 측정
　　(3) 수면의 정확한 판단을 위해

05 다음 냉동장치에서 매니폴드 게이지와 진공펌프로 하는 작업은 무엇인가?

해답 진공시험

해설 ① 냉동장치를 진공시켜서 외기 누입 유무의 기밀시험을 한다.
② 진공을 방치시켜서 장치내부를 건조시킨다.
③ 냉매 충전 전에 불순물을 제거한다.

06 다음 배관 설비의 영상을 보고 엘보와 티 개수가 맞는 것을 고르시오.

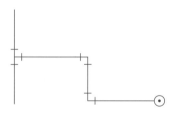

─| 보기 |─
(가) 엘보 3개, 티 1개   (나) 엘보 2개, 티 2개

해답 (가)

해설 다음은 평면 배관설비이다.

07 다음 동영상에 맞는 전기회로도는 어느 것인가?

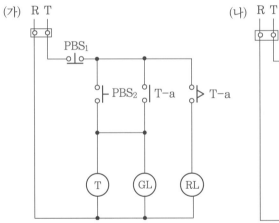
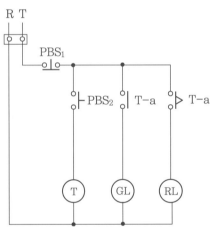

해답 (가)

08 다음 영상을 보고 알맞은 설명을 고르시오.

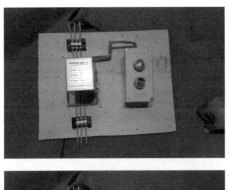

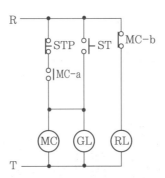

(가) 빨간색 버튼이 on된 상태에서 녹색 버튼(ST)을 누르면 빨간색등 on, 녹색등 on

(나) 빨간색 버튼이 on된 상태에서 녹색 버튼(ST)을 누르면 빨간색등 off, 녹색등 on

해답 (나)

09 그림 (a), (b), (c), (d)는 트랩의 종류들이다. 각각 어떤 형식(종류)의 트랩인가?

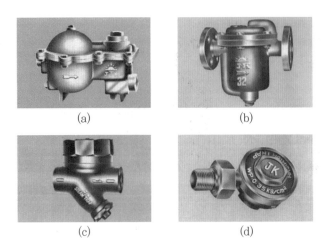

(a)   (b)

(c)   (d)

해답 (a) 플로트식 트랩   (b) 버킷식 트랩
(c) 디스크식 트랩   (d) 열동식(방열기) 트랩

10 다음 자동제어 설비 부품 명칭과 하는 역할을 쓰시오.

해답 (1) 부품 명칭 : 11핀 릴레이(11pin relay)
(2) 역할 : 전기제어 장치의 보조 접점

11 다음 그림에서 ⓐ로 표시된 부속장치에 대하여 각 물음에 답하시오.

(1) 명칭을 적으시오.

(2) 이 장치를 설치함으로써 얻을 수 있는 이점 2가지를 쓰시오.

해답 (1) 증기 헤드(스팀 헤드)

    (2) ① 송기 및 정지가 편리하다.

       ② 송기량 조절이 용이하다.

       ③ 급수요에 응하기 쉽다.

       ④ 열손실을 방지할 수 있다.

12 전원 공급 설비의 주회로 입구에서 전기를 공급 차단하는 기기 명칭을 쓰고 작동원
리를 설명하시오.

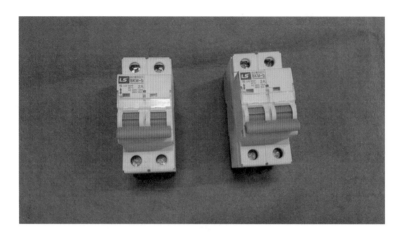

해답 (1) 명칭 : 노퓨즈 브레이커(NFB)

(2) 역할 : 전기설비의 과부하에 의한 과전류가 흐를 때 전원을 차단하여 설비
를 보호한다.

공조냉동기계산업기사 실기

제11회 실전 모의고사

■ 이 문제는 실제 출제되었던 기출문제를 재구성하여 수록하였으므로 참고하시기 바랍니다.

01 다음 영상의 냉매용기에 표시된 부분의 명칭을 쓰고 선정 시 고려할 사항 2가지를 쓰시오.

해답 (1) 명칭 : 파열판
(2) 고려할 사항
① 냉매의 종류(특히 금속에 대한 부식성)
② 대기압 이상인지 진공상태인지 확인할 것
③ 정상적인 압력과 파열압력
④ 정상적인 온도

참고 지름의 크기에 따른 종류는 플랜지형(12.7~1000mm), 유니언형(12.7~50mm), 나사형(6.4~12.7mm)

02 다음 바이패스 배관에서 (가)항과 (나)항의 명칭을 쓰시오.

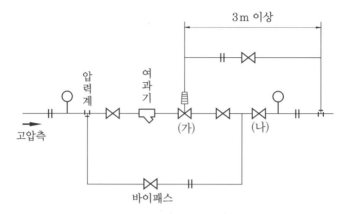

해답 (가) 벨로스형 감압밸브
(나) 안전밸브

03 다음 배관설비의 화면을 보고 |보기| 중 해당하는 평면도는 어느 것인가?

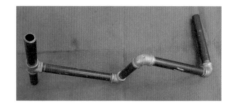

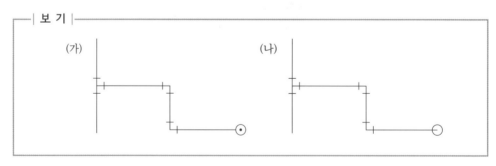

해답 (가)

해설 다음은 평면 배관설비이다.

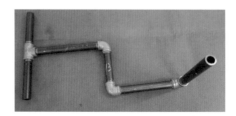

04 다음 영상의 명칭과 특징 2가지를 쓰시오.

해답 (1) 명칭 : 슬루스 밸브 (또는 게이트 밸브, 사절밸브)

(2) 특징

① 유로 개폐용에 사용된다.

② 관내 마찰저항 손실이 적다.

③ 유량 조정용 밸브로 부적합하다.

④ 찌꺼기가 체류해서는 안 되는 난방배관용에 적합하다.

05 다음 영상의 명칭을 쓰시오.

해답 수랭식 콘덴싱 유닛

해설 콘덴싱 유닛이란 응축기, 압축기, 수액기가 한 세트로 되어 있는 것이다.

06 다음 자동제어 설비 부품 명칭과 하는 역할을 쓰시오.

해답 (1) 부품 명칭 : 11핀 릴레이(11pin relay)
(2) 역할 : 전기제어 장치의 보조 접점

07 다음 화면에 표시된 장치 ⓐ는 드래인 밸브이고 ⓑ는 드래인 콕이다. 작동순서를 기술하시오.

ⓑ   ⓐ

해답 (1) 여는 순서 : ⓑ → ⓐ
(2) 닫는 순서 : ⓑ → ⓐ

해설 보일러 드럼 안쪽에 있는 분출 밸브를 나중에 여는 이유는 분출 밸브가 분출 콕에 비하여 분출량 조절이 용이하기 때문이며, 바깥쪽에 있는 분출 콕을 먼저 닫는 이유는 밸브와 콕 사이에 보일러수가 차 있도록 하여 부식을 방지하기 위함이다(공기가 차 있도록 하면 부식의 우려가 크다).

08 다음 영상의 명칭과 종류 2가지를 쓰시오.

> **해답** (1) 명칭 : 건식필터
> (2) 종류 : ① 유닛형 ② 자동 두루마리형

09 냉매 배관에 사용하는 밸브이다. 다음 물음에 답하시오.

(1) 이 밸브의 명칭을 쓰시오.
(2) 이 밸브의 기능(역할)을 설명하시오.

> **해답** (1) 체크밸브(스윙식 역류방지밸브)
> (2) 유체 흐름의 역류를 방지한다.
> **해설** ① 스윙식 : 수평, 수직 배관에 설치한다.
> ② 리프트식 : 수평 배관에 설치한다.

10 전원 공급 설비의 주회로 입구에서 전기를 공급 차단하는 기기 명칭을 쓰고 작동원리를 설명하시오.

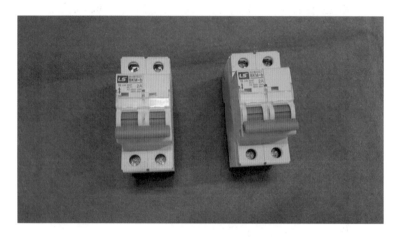

해답 (1) 명칭 : 노퓨즈 브레이커(NFB)

(2) 역할 : 전기설비의 과부하에 의한 과전류가 흐를 때 전원을 차단하여 설비를 보호한다.

11 시퀀스 전기회로에서 ST를 누르면 GL이 점등되어 자기 유지되고 STP를 누르면 소등되는 회로도를 고르시오.

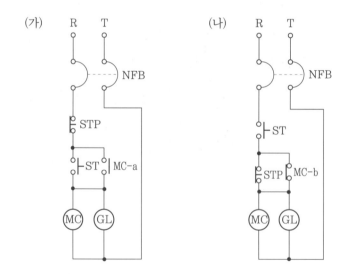

해답 (가)

참고 (나)는 ST를 누르면 GL이 점등되고 원상 복귀되면 GL이 소등되므로 STP와는 관계가 없다(회로가 성립이 안 됨).

12 다음 동영상과 회로도를 보고 운전 버튼 ST를 누르면 GL과 RL의 점등과 소등을 쓰시오.

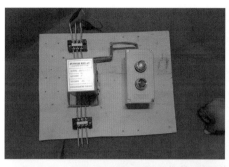

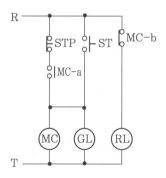

해답 (가) GL : 점등(on)
    (나) RL : 소등(off)

공조냉동기계산업기사 실기

제12회 실전 모의고사

■ 이 문제는 실제 출제되었던 기출문제를 재구성하여 수록하였으므로 참고하시기 바랍니다.

01 냉동장치에서 압축기 흡입 측 팽창밸브와 전자밸브 입구에 설치하는 영상이다. 장치의 명칭과 특징을 쓰시오.

해답 (1) 명칭 : 여과기
    (2) 특징 : 냉동장치에 설치하여 유체 중의 이물질을 제거한다.

참고 압축기 흡입 측에는 설치를 생략하는 경우가 많다.(압축기에 내장되어 있는 경우가 있음)

02 다음 기기는 배관에 설치되는 밸브인데 명칭과 기능을 2가지 쓰시오.

해답 (1) 명칭 : 버터플라이 밸브(나비형 밸브)
    (2) 기능 : ① 와류나 저항을 피하고자 하는 곳에 적합하다.
            ② 유량을 조절하는 데 적합하다.
            ③ 저압용의 죔밸브로 사용한다.
            ④ 완전 폐쇄가 어려운 단점이 있다.

03 다음 영상에 나오는 장치의 명칭을 쓰시오.

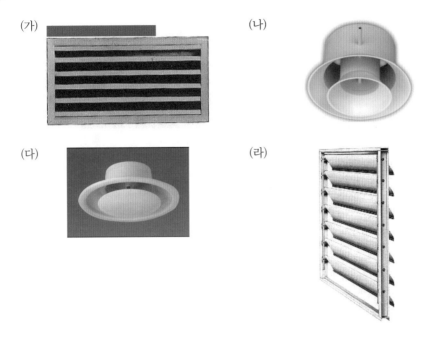

(가)

(나)

(다)

(라)

해답 (가) 도어 그릴형 취출구   (나) 노즐형 취출구
     (다) 팬형 취출구   (라) 그릴형 취출구

04 다음 장치의 명칭과 역할을 쓰시오.

해답 (1) 명칭 : 변류기
     (2) 역할 : 변류기는 전류의 크기를 변환하는 장치로, 대전류가 흐르는 전로
         를 측정하고, 보호 계전기를 동작시키기 위해 사용한다.

05 다음 배관설비의 영상을 보고 |보기| 중 해당하는 정면도는 어느 것인가?

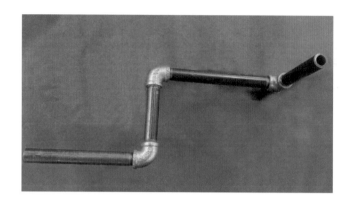

| 보 기 |

(가)   (나)

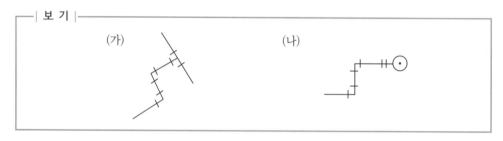

해답 (나)

해설 아래 실제 배관도면은 평면도이다.

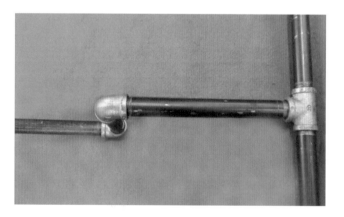

06 냉동장치에 설치된 자동제어 기기이다. 기기 명칭과 ⬭으로 표시한 부분의 역할을 설명하시오.

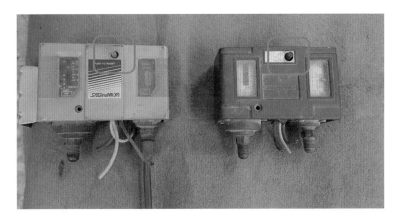

> 해답 (1) 명칭 : 고저압 스위치(dual pressure cut out switch)
> (2) 리셋 버튼(reset button)으로 고압 스위치가 작동되었을 때 냉동장치를 운전하려면 리셋 버튼을 수동으로 복귀시켜야 한다.
>
> 참고 고압 스위치와 저압 스위치를 한 곳에 모아 조립한 것을 듀얼 스위치라고 하며, 그림에서 벨로스 지름이 큰 것은 저압 측, 작은 것은 고압 측이다.

07 다음 영상에 나오는 장치의 명칭과 특징 2가지를 쓰시오.

> 해답 (1) 명칭 : 인버터 터보(원심식) 냉동장치
> (2) 특징
> ① 회전운동이므로 진동이 없다.
> ② 마찰부분이 없으므로 마모로 인한 기계적 성능 저하나 고장이 적다.
> ③ 장치가 유닛으로 되어 있기 때문에 설치면적이 작다.
> ④ 자동운전이 용이하며 정밀한 용량 제어를 할 수 있다.
> ⑤ 흡입 토출 밸브가 없고 압축이 연속적이다.

08 다음 부품의 명칭을 쓰시오.

(가)

(나)

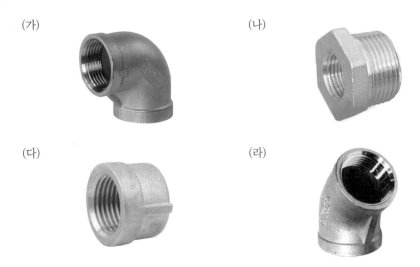

(다)

(라)

해답 (가) 90° 엘보 (나) 부싱 (다) 캡 (라) 45° 엘보

09 흡수식 냉동장치에서 ⬭으로 표시된 부분의 기기 명칭과 기능을 쓰시오.

해답 (1) 명칭 : 추기 회수 장치
(2) 기능 : 불응축 가스를 퍼지시킨다.
참고 ① 운전 중 발생되는 불응축 가스는 대기 방출시키고, 분리된 냉매는 증발기
로 회수시킨다.
② 냉매 충전 또는 숙청 작업
③ 각종 시험(진공, 누설 시험 등)을 한다.

10 풍량 조절이 가능한 댐퍼이다. 명칭을 쓰시오.

(가)   (나)

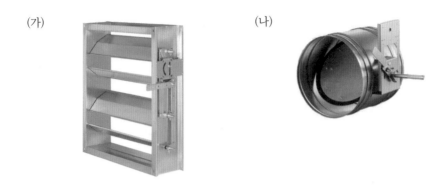

해답 (가) 루버 댐퍼   (나) 방화 댐퍼

11 토글 스위치를 넣었을 때 (가), (나)의 작동을 ON, OFF로 표시하시오.

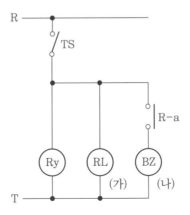

해답 (가) ON   (나) ON

12 다음 영상에서 ST(녹색)을 눌렀을 때 회로와 같은 내용은 어느 것인가?

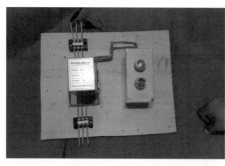 

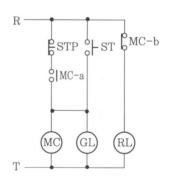

(가) 영상 전원을 켜면 RL은 ON
  ST(녹색)를 누르면 GL은 ON, RL도 ON
  STP(적색)를 누르면 GL은 OFF, RL은 ON
(나) 영상 전원을 켜면 RL은 ON
  ST(녹색)를 누르면 GL은 ON, RL은 OFF
  STP(적색)를 누르면 GL은 OFF, RL은 ON

해답 (나)

필답형/작업형

공조냉동기계산업기사 실기

2024년 2월 10일 인쇄
2024년 2월 15일 발행

저자 : 김증식 · 김동범
펴낸이 : 이정일

펴낸곳 : 도서출판 **일진사**
www.iljinsa.com

(우)04317 서울시 용산구 효창원로 64길 6
대표전화 : 704-1616, 팩스 : 715-3536
이메일 : webmaster@iljinsa.com
등록번호 : 제1979-000009호(1979.4.2)

값 28,000원

ISBN : 978-89-429-1930-7

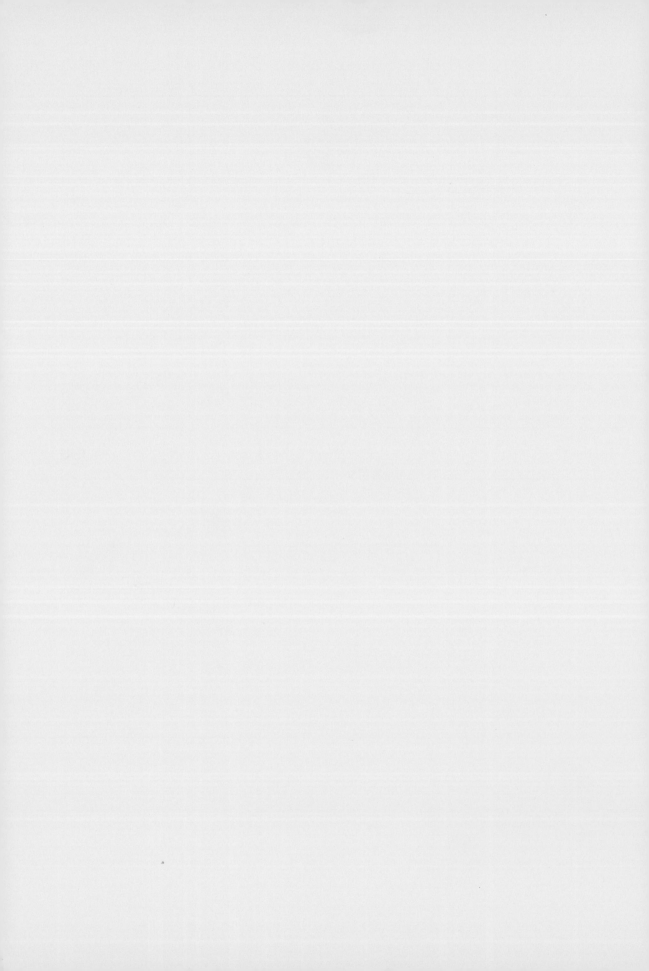

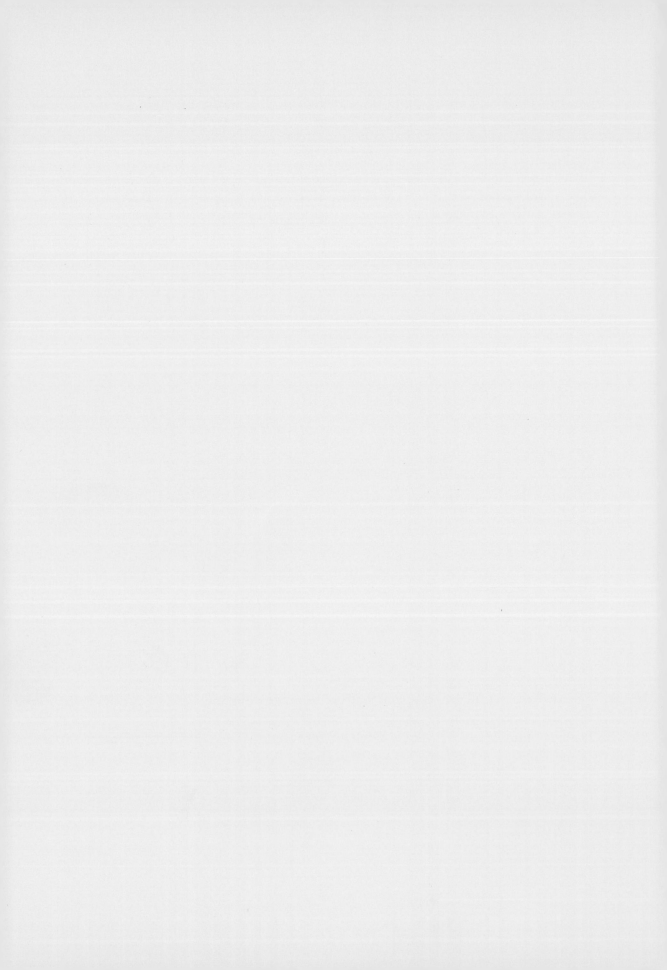